U0189920

中国海洋文化研究系列

顾问◎曲金良 贾旭东

海洋文化产业分类及相关指标研究

刘家沂／主编

中国海洋大学出版社
·青岛·

特此鸣谢

国家海洋局宣传教育中心

国家海洋局海洋发展战略研究所

宁波大学

浙江省海洋经济与文化研究中心

广东海洋大学

中国海洋大学

前　言

PREFACE

　　中国既是一个陆地大国，也是一个海洋大国，中国文化是由内陆文化和海洋文化组成的文化多元体，中华文明是大陆和海洋共同孕育的世界最古老的伟大文明之一。中华民族世世代代跟海洋打交道，从史前的石器时代至今，中国沿海居民创造了海洋捕捞、养殖、制盐、航海、商贸、审美等丰富灿烂的海洋文化，并留下了诸如贝雕遗址等大量海洋文化遗产。中国沿海居民早在西汉时期就与外国人有贸易往来和文化交往，他们同来自四海的商人做生意，同来自五洲的海客交朋友，进而开辟了海上丝绸之路、陶瓷之路、茶叶之路、香料之路、白银之路通往世界各地。元朝末年汪大渊撰写的《岛夷志略》一书，记载华商所到达国家或地区的名称竟有 220 多个。

　　海洋文化是具有海洋特色的文化形态，中国沿海居民依托海洋自然资源的独特优势开发和利用海洋，他们的生活、生产习惯和社会风俗都和大海息息相关，其文化是沿海社会群体物质生活、精神生活与文化风貌的集中体现，承载着沿海人民的价值取向和审美趣味，具有宝贵的社会价值、艺术价值、经济价值和文化传承价值。中国文化圈被誉为世界上最早出现的大型文化圈，其地理范围包括了整个东亚环中国海地区，因此海洋文化对中国文化整体的发展繁荣具有重要的对内支撑和对外拓展作用。海洋文化建设要着眼于"文化竞争力"和"软环境"的改善，提升"文化生产力"。发展海洋文化产业有利于深入挖掘和阐明海洋文化的时代价值和开拓进取的海洋观,有利于在全社会形成关注海洋、热爱海洋、保护海洋的浓厚氛围,不断为建设海洋强国注入精神动力。

根据国家特色文化提出的发展目标,到2020年,应基本建成海洋特色鲜明、重点突出、布局合理、链条完整、效益显著的海洋文化产业发展格局,形成若干在全国有重要影响力的海洋文化产业带,建设一批典型的、带动作用明显的海洋文化产业示范区(乡镇)和示范基地,培育一大批充满活力的海洋文化市场主体,形成一批具有核心竞争力的海洋文化企业、产品和品牌。海洋文化资源得到有效保护和合理利用,海洋文化产业产值明显增加,吸纳就业能力大幅提高,产品和服务更加丰富,在促进地方经济发展、推动城镇化建设、提高人民生活品质、复兴优秀传统文化、提升文化软实力等方面的作用更加凸显。

发展海洋文化产业要注意两个方面:一是海洋文化创新要取之于民、用之于民。文化是对生命的关怀,文化是真心、真情、真感觉,海洋文化要有人文情怀。发展海洋工艺品、演艺娱乐、滨海旅游、海洋节庆、海洋展览等,既要保留和传承中国海洋传统文化,又要坚持推陈出新,积极创作更多更好、人民喜闻乐见的海洋元素作品,真正与人民群众同喜同乐。二是注重海洋文化产业发展与海洋生态文明的关系。在海洋特色工程建设中,要注重对古渔村、沿海古建筑、海上灯塔等历史遗迹和记忆的保护,同时也要注意保护海洋的自然生态,突出海洋的自然风貌特点。

我国沿海地区的海洋文化元素各不相同,要抓准自身发展的优势,加强研究,制定海洋文化产业发展规划,重点发展区域性海洋文化产业带,建设全国海洋文化产业示范基地,打造海洋文化(旅游)城镇和乡村,培育具有本地区特色的海洋文化品牌,搭建平台促进海洋文化(艺术)产品交易,推动海洋文化创意产业发展。在保障措施方面,争取一定的财税金融扶持,选取几个重要的精品工程,强化人才支撑,建立重点支持项目库,支持拓展境外市场,建立完善的交流合作机制,重视与沿海国家的海洋文化交流。

当前沿海地区既无法深入推进海洋文化产业发展项目实践,又缺乏科学编制的海洋文化产业规划,主要原因在于我国当前海洋文化产业发展状况既缺少海洋文化产业的理论和标准,又没有相关的统计规范和统计机构。这严重阻碍了海洋文化产业的快速健康发展，要全面认识和掌握海洋文化产业发展现状，必须通过科学的统计工作才能达到，这就需要建立一套行之有效的海洋文化产业统计指标体系。

编写本书的目的是希望通过对海洋文化产业及相关产业分类标准的研究，尝试勾勒出我国海洋文化产业的发展"幅宽"，只有达到统一指标、统一范围、统一口径，才能真实反映我国海洋文化产业的整体状况，以期更好地指导海洋文化产业的发展路径。世界日新月异的变化，21世纪的海洋经济形态也会重新调整，传统海洋产业面临发展压力，转型势在必行。海洋文化产业能不能承担起转型过程中的重任，要试一试。研究海洋文化产业分类是一项艰巨的工作，本书的编者也是年轻的团队，学术水平和认识有限，不足之处在所难免，敬请读者朋友批评指正。

刘家沂

二零一五年七月于北京

目录

CONTENTS

第一章

海洋文化产业分类及相关指标研究的必要性和重要意义

　　海洋是潜力巨大的资源宝库,也是支撑未来发展的战略空间。当今世界新技术不断取得重大突破,孕育和催生新的海洋产业,为解决人类社会发展面临的食物、健康、能源等重大问题开辟了崭新的路径。世界沿海各国高度重视发展海洋经济,力争抢占海洋科技和产业发展的制高点。超前谋划、布局高端、加快发展海洋产业是培育中国新的经济增长点的重要举措,是构建"高、新、软、优"现代产业体系,建设海洋强国、创新型国家的重大战略部署,是转变发展方式、实现科学发展的重要路径。海洋文化产业是海洋产业体系的重要组成部分,培育海洋文化产业对于提高国家和沿海地区海洋文化产业的综合竞争力、优化区域产业结构具有重要战略价值与现实意义。

一、海洋文化产业与国家海洋战略

(一)中国海洋文明全球势差亟待通过发展海洋文化产业予以破解

　　世界地图显示,作为欧亚大陆一部分的欧洲大陆,三面临海,大西洋挡在它的西面,北冰洋和地中海分别环绕它的北部和南部。欧洲任何一个国家,即使是内陆国家离大海都不太远;海在欧洲人生活中,自古就有着重要地位;多数欧洲先民靠海而生,出海打鱼,航海从事贸易,到更远的地方去安家落户,拓展新的家园。地中海是欧洲人最早活动的海域。世界历史进程显示,真正意义上的海洋文明代表国家是古希腊。学界认为,成为海洋文明的刚性条件有以下几点:一是社会必须是开放性的;二是必须是文明古国;三是各种文明可以相互转换;四是不带有殖民主义色彩的扩张和帝国主义的占领;五是在政治、经济、文化、思想、艺术方面有系统的成果,有与海洋有关的神话,与海洋远航有关的手段等。显然,地处地中海中部的古代希腊,包括爱琴海诸岛、小亚细亚西部沿海爱奥尼亚群岛以及意大利南部和西西里岛等。它的自然地理条件是多山、环海,地势崎岖不平,仅有若干小块平原,但又多为关山所阻隔。土地不适合种植粮食作物,而适合种植葡萄和橄榄。海岸线曲折、岛屿密布。海产资源比较丰富。古希腊纯属地中海气候,温和宜人。特殊的地理条件,对古希腊的经济、政治、文化产生了决定性的影响。关山所阻隔的小块平原,造就了典型的"小国寡民的城邦",也决定了古希腊人只有通过商业贸易才能维持其生存和发展,贸易形式只能是海外贸易,进而决定了古希腊人工商航海业居主导地位的特性。古希腊商业航海贸易遵循以"平等交换"为原则的商业行为。加之,发展商业贸易需要自由的环境,进而又促使古希腊人"平等"观念的形成和民主政治的建立。古希腊"小国寡民的城邦"意识,一旦人口增加到无法负荷时,古希腊人就自然而然地寻求拓展海外市场,开展频繁的航海贸易活动。航海使古希腊人练就了勇于开拓、善于求索的民族性格。创造了辉煌灿烂的海洋文化,并使希腊成为西方文明的旗帜和摇篮。这一切都与古希腊的自然地理、生存环境有着密切的关系。古希腊海洋文明,实际上是一种融合了古代东西方文明诸因素之后而发展起来的新型海洋文明,它对以后的地中海地区乃至整个世界历史的发展都产生了深远的影响,具体表现在政治、经济、文化、思想、艺术、神话传说及航海技术和手段等方面。

尽管中国的沿海地区也有与欧洲国家相似的海洋文化,却发展出了迥然不同的文明进程。例如,古代中国东部地区新石器时期前后的大汶口文化以及周围的东部文化也具有一定的海洋特色,但从文化到文明存在着从量变到质变的区别。海洋文化只是古代中国和中华民族中的一部分,或者局部地区的物质和精神特征,它在整个国家和民族中并未成为占据主流地位的强势文化,也就未能形成海洋文明。杨国桢(2013)认为海洋文明进入中国历史的进程,是与农业文明、游牧文明相激荡的过程,也就是陆海文明兼容、互动的过程。海洋活动的领域空间上,东部沿海地区和管辖海域,从古代的边缘地带向近现代的中心地带转移,上升到当今国家利益的核心地带,是一个长时段的历史建构过程。以黄河中下游地区为基地的农业文明群体,最早在中华文明中确立了强势地位,建立王朝体制,主导国家政治、经济、文化的融合发展进程,陆地因素在中华海洋文明发展中扮演了重要的角色,显示了与其他国家海洋文明不同的特性。早期大陆对海产品的强烈需求,吸引了一部分海洋群体的内向发展,接受农业文明的辐射,东夷百越地区纳入中国版图后,海洋活动群体被移入沿海的汉人所取代,具有海洋与陆地两重性格。中华文明是黄河、长江的产物,也是环中国海的产物。在历史发展进程中,中华海洋文明被占主流地位的中华农业文明所深深浸染,各个王朝"经略海洋"有不同的表现,体现中华文明中的陆海关系也是不同的。中国海洋文明的发轫与起点在海洋史学界尚无定论,呈现出鲜明的两派,总体而言晚于古希腊海洋文明是确切无误的,因此,中国要构建独特的21世纪海洋强国,亟待建设海洋经济,发扬与传承环中国海海洋文化,塑造中国海洋文明。

(二)海洋(文化)产业成为中国拓展全球战略竞争空间的重要载体

海洋占地球70%的面积,是人类存在与发展的重要空间。在新技术革命的推动下,新的可开发利用的海洋资源被不断发现,海洋已成为财富源泉与全球经济重点。海洋产业占世界经济的比重,从1970年的2%,1990年的5%,目前已达到10%左右,预计到2050年,将上升到20%。海洋经济的主要增长领域集中在海洋油气、海洋生物制品、海洋服务、海洋休闲娱乐、海洋新能源、海洋文化科技等。2008年金融危机后,全球经济增速放缓,世界经济格局孕育着深刻变化,产业发展格局和发展路径正在发生新的变革,海洋新兴产业也越来越成为竞争的焦点。为应对新的形势和挑战,沿海国家普遍调整或制定新的海洋战略和政策,从全局战略高度出发关注海洋问题,实施海洋行动计划,加大海洋科技研发投入,优先布局海洋新兴产业,力图争夺发展的主导权,抢先确立国际竞争优势。代表中国参与全球海洋竞争,尽快抢占海洋产业发展的制高点,成为沿海地区尤其是环渤海城市群、长江三角洲城市群和珠江三角洲城市群义不容辞的责任。

当前,信息、能源、生物等科技领域创新活跃,融合渗透的趋势日益凸显,信息科技产业依然发挥着战略基础和引擎作用,新的科学发现、新的技术突破以及重大集成创新不断涌现,从基础研究到技术发明和成果转化的周期大幅缩短,带动海洋电子信息、海洋高端装备、海洋生物、海洋文化等产业科技不断突破,并支撑和引领海洋产业的迅猛发展。海洋科技加速发展的趋势,使中国沿海地区以科技创新支撑实现海洋(文化)产业跨越式发展成为可能。

"十二五"以来,我国海洋经济总体平稳增长,取得了巨大成就。2011年至2014年,全国海洋生产总值分别为45 580亿、50 173亿元、54 949亿元和59 936亿元,平均增速8.4%;海洋生产总值占国内生产总值的比重始终保持在9.3%以上;海洋经济三次产业结构由2010年的5.1∶47.8∶47.1,调整为2014年的5.4∶45.1∶49.5。当前,中国正处于加快产业转型升级的关键时期,由陆域走向海洋、由浅海走向深海,发展海洋产业成为我国重要的战略抉择,也是维护国家主权的基础条件。我国"十二五"规划纲要提出将海洋产业作为重点培育和发展的战略性新兴产业,党的十八大报告首次提出"建设海洋强国"的宏伟目标,海洋产业发展步入了历史新阶段。把握机遇,加快发展海洋(文化)产业成为中国沿海地区贯彻落实党的十八大精神的重要战略举措。

2011年以来,国务院先后确定了山东、浙江、广东、福建和天津为全国海洋经济发展试点地区。浙江舟山群岛新区获批成为首个以海洋经济为特色的国家级新区,辽宁沿海经济带、河北曹妃甸工业区、天津滨海新区、上海浦东新区、广西北部湾经济区、海南国际旅游岛等沿海区域发展规划相继实施,沿海各省市竞相发展海洋经济的局面正在形成。发展海洋产业,瞄准未来、打造新优势、争当全国海洋发展"排头兵"成为中国沿海省份的必然选择。2016年国务院政府工作报告中指出,要拓展蓝色经济空间,海洋产业面临转型与创新,海洋文化产业成为沿海省份重点城市发展海洋产业的重要行业选择与战略布局。

(三)海洋(文化)产业基础理论研究成为建设海洋强国的立论核心

针对当今世界海洋发展形势和中国海洋强国战略对我国认知海洋文化产业历史、繁荣海洋文化产业提出的时代需求,对中国海洋文化产业做出系统的理论研究,全面、系统地回答中国海洋文化产业是什么、怎么样、为什么、应如何等基本理论、基础知识,以正视听,已经是时不我待的根本性问题(曲金良,2013)。

中国海洋文化产业基础理论研究的重大学术使命是,站在时代高度、国家需求、人类文化发展的学术前沿,适应国家海洋发展战略对人文社会科学的使命要求,站在中国和中华民族的立场上,从西方理论、观念影响下的"流行"话语系统及其西方中心论视野中解放出来,基于中国海洋文化与海洋文明整体的宏观视野,高屋建瓴地揭示出中国海洋文化产业的基本内涵及其历史发展的主要特征、主要成就、主要动力机制、主要区域分布、对中国经济的主要作用及其历史地位等目前学术界尚未系统解决的最基本也是最根本性的重大问题,回答人们长期以来在中国海洋文化产业问题上的迷惑,诸如海洋文化产业的内涵与外延、分类与统计范畴等,从而提高中华民族对自己的海洋文化历史及其海洋文明的认同感、自豪感和自信心,在建设中国海洋强国和构建世界海洋和平秩序的当代进程中,建设和发展基于中国传统、富有中国特色、符合中国国情和当代海洋发展需要的中国海洋文化产业。

二、海洋文化产业在海洋经济中的作用

(一)海洋文化之于海洋经济的三重作用

海洋经济发展是利用海洋资源进行海洋活动的结果。进行海洋活动就受到思想、价值观、态度以及能力的影响。因此,剥离海洋文化的海洋经济发展是不健全的,是没有可持续发展的生命力的(韩庆华等,2010)。传统的经济学强调资本对于经济增长的重要性。随着对于经济增长研究的深入,文化资本成为经济增长的最终解释变量(高波等,2004)。21世纪以来,国家逐步重视海洋经济的发展。海洋经济发展不应只重视短期经济效应,却忽视长远海洋经济发展,以过度消耗海洋环境以及海洋资源为代价。海洋文化与海洋经济发展的关系是:海洋文化决定海洋经济发展的生命动力,而海洋经济发展是形成海洋文化原动力。两者相互渗透、相互促进、相互制约(刘堃,2011)。

海洋文化对于海洋经济的三重作用(韩兴勇等,2014):① 渗透作用:海洋文化具有地域性、变异性和流动性的原因在于不同地区海洋文化的形成是一种优胜劣汰的结果,那些有利于改善沿海人民生活水平的各种习惯将会被采纳,而原有的习惯将被摒弃和淘汰。同时,海洋文化指导着资源的合理分配并具有促进海洋经济发展的资源禀赋。② 促进作用:诺思认为制度和意识形态共同影响了经济的增长。因此,妥善利用中国当今丰富的海洋文化资源,健全国民

的海洋意识,完善海洋相关法律制度,将持续促进中国海洋经济的良性发展。③ 抑制作用:在缺乏海洋文化的指引下,海洋文化资源的过度使用将会造成不可逆的后果。对海洋文化资源的过度开发或者过度保护都将影响海洋经济发展的活力,无法发挥其对海洋经济的最大效用。

(二)海洋文化产业之于海洋产业具有更为广阔的就业拉动效应

海洋产业和文化产业相互交织而成的海洋文化产业隶属于第三产业。据统计,文化产业增加值占全国 GDP 的比重每提高一个百分点,就可以增加453.3 万人就业(梁嘉琳,2011)。拥有广泛的文化资源,并且极具生态效应的海洋文化产业,凭借其产品创新、经济发展、社会教育等功能,在我国实施产业结构和就业结构优化的背景下,必然能成为创造就业机会及吸纳劳动力的重要渠道。审视滨海旅游业、海洋节庆会展业、涉海休闲体育业和涉海艺术业的就业拉动效应,有利于全面解读海洋文化产业之于中国长期海洋经济发展与就业增长战略的现实状态(张陶钧等,2014)。

1. 滨海旅游业的就业拉动效应

滨海旅游业是以海岸带、海岛及海洋景观资源为依托,以滨海文化和沿海民俗传统为资源而开展的旅游经营和服务活动,是旅游业的一个重要组成部分。早在 1992 年,旅游业已经发展成为世界第一大产业,其中海洋旅游经济规模增速最快。在许多沿海国家,海洋旅游产业占沿海地区经济总值的 80% 以上。国际旅游组织的研究表明,每 1 元旅游业直接收入可以带动相关行业 8 元的增收;每创造一个旅游业就业岗位,相应会产生 5 倍的就业拉动效果。据世界旅游贸易组织统计,在经济环境恶劣的 2009 年,全球旅游业就业人数超过了 2.35 亿,占总就业人数的 8.2%,其经济产值占全球 GDP 的 9.4%,并预计 2020 年将带来超过 3 亿的就业岗位。而国际相关研究表明,旅游业每投资 8 万美元,就会相应制造 41 个就业机会。滨海旅游业不同于其他一般的海洋旅游产业,它以独特的海洋文化资源为核心。滨海旅游业在充分发挥旅游产业极强的经济和就业带动作用、创造经济利润、吸纳就业的同时,还具有宣传传统海洋文化、提升人们精神文化生活和促进海洋生态可持续发展的作用。

2. 海洋节庆会展业的就业拉动效应

国内外对涉海节庆会展业还没有明确概念,总体上的界定是它是一个通过举办节庆文化活动、展览、集会吸引游客观光消费的产业,是高收益、无污染、就业带动性极强的新经济增长点。节庆文化活动的兴起源于经济的高速发展,而节庆文化活动的有效开发又能推动经济的进一步提升。海洋节庆会展业能扩大举办地的知名度,通过吸引游客拉动当地消费,能促进文化旅游业的整体发展,有利于吸引外部投资,为今后长足发展提供充足的资金和坚实的技术支持,有利于新观念的引入。通过创新寻找更先进的发展模式,有利于增大广告业、通讯产业等延伸产品的市场容量,推动其他产业的发展。如此高效的产业推动效果,使会展业成为带动城市和区域经济发展的新驱动力。根据国外学者预测,会展业的产业带动乘数为 9,即每 1 元的会展业直接收入会带来 9 倍的额外经济效益。在创造产值和推动关联产业发展的同时,海洋节庆会展业的发展能够创造大规模的就业机会。以中国象山县"1+3+n"海洋会展节庆为例,始于 1998 年的开渔节,象山县加大自身海洋文化资源的挖掘与创造,结合不同时节的景色,推出了沙滩踏浪、国际游钓、海鲜品鉴的"1+3"海洋节庆模式,突破了季节与气候对海洋文化旅游业的限制。之后又通过深入开发与整合民间原创艺术、人文景观、民情风俗、象山特产等资源,开创了象山特色节庆的 n 维节庆发展格局,也成功地提高了当地的就业水平。

3. 涉海休闲体育业的就业拉动效应

海洋能充分地满足人们对于娱乐、体育刺激的追求,所以滨海休闲体育已经在世界很多沿海地区发展成为了特色产业,并表现出极大的发展潜力。由于体育旅游不需要消耗能源和资源,成本投入要求相对较低。同时,滨海休闲体育业的发展对其他产业具有极强的联动作用,其经济乘数大大高于其他行业,它可以带动交通、住房、餐饮、商业等相关产业链条的发展,优化滨海城市建设所需的各项基础设施建设,从而在丰富人们文娱生活的同时推动当地经济社会结构转型,使沿海城市走上可持续的高速发展道路。另外,隶属于第三产业的滨海休闲体育旅游业具有极强的劳动力吸纳能力,可以提供大量的服务岗位,并且大幅度提高其他相关产业的就业吸纳能力。研究表明,休闲体育业每吸纳一个从业人员,能够向社会间接提供 5 个岗位(李静,2011)。滨海休闲渔业是滨海休闲体育业的主要组成部分,我国横跨北温带和亚热带,拥有丰富的渔业资源,以及长达 8 至 9 个月的海上休闲垂钓期。目前,我国休闲渔业的发展模式及其就业拉动效应也日益受到人们的关注。以大连市长海县为例,其充分利用自身地理优势,提出了"垂钓搭台,经贸唱戏"的滨海休闲渔业发展口号,连续三年举办钓鱼节活动,并且凭借其丰富的渔业资源和多彩的娱乐模式吸引了许多国内外消费者。长海县还凭借举办钓鱼比赛,提供观光游览的契机,组织经贸洽谈,不仅极大地推动了商贸活动的发展,也拉动了酒店和餐饮等行业的发展,其就业容量日益扩大,就业渠道不断拓宽。

4. 涉海艺术业的就业拉动效应

涉海艺术业是基于海洋文化资源,通过产业化运作提供既具有审美价值又具有经济价值的艺术产品的新兴产业,它包括传媒、影视、广告以及涉海工艺品等行业。其中,涉海工艺品在我国沿海地区比较普遍。涉海工艺品是指手工将原料或半成品加工而成的,能够代表当地风俗和文化的艺术品。各沿海地区推出的艺术品均来源于当地居民的历史传承和日常生活,它充分体现了当地居民的创造性和艺术性。工艺品一直是我国的传统出口产品,由于其成本低廉、独具特色且制作精美,在欧美一直拥有广阔的消费市场。工艺品虽然对手工技艺要求高,但是对文化水平等其他方面要求较低,并且与当地的风土人情和文化密切相关,所以涉海工艺品是当地居民就业的主要领域。同时更多的缺乏专业技能的待业人员和中年退休群体通过简短培训,在此领域实现了二次就业和创业。以我国舟山为例,它依托舟山独特的海洋文化资源,积极发展工业观光旅游、针织服饰加工企业和涉海工艺品加工制造业,形成了一批成本低廉、产业链长、联动效应好的工业旅游观光区。在大力发展旅游产品加工业的同时,积极改善其加工工艺、创造新的工艺品种,不断加强其农渔特色产品、海洋贝类纪念品等旅游休闲实物产品的开发,极大地提升了劳动力的就业技能,扩大了当地的就业规模。

(三)海洋文化产业指引战略性海洋新兴产业发展方向

战略性新兴产业是以重大技术突破和重大发展需求为基础,对经济社会全局和长远发展具有重大引领带动作用,知识技术密集、物质资源消耗少、成长潜力大、综合效益好的产业。海洋产业是我国战略性新兴产业的重要领域,我国蕴含着丰富的海洋生物、石油天然气、可再生能源、滨海旅游等资源,有效进入并和平利用空间、加强海岸带可持续发展、促进海洋资源合理开发的重要产业选择便是战略性海洋新兴产业发展(刘堃等,2011)。战略性海洋新兴产业是战略性新兴产业的重要组成部分。战略性海洋新兴产业的发展在一定程度上影响着战略性新兴产业发展的成效,在很大程度上关系着我国东部沿海地区发展方式转变和经济结构转型的成败。

　　综合各种观点，战略性海洋新兴产业是以海洋高科技、文化创意发展为基础，以海洋高新技术成果产业化为核心内容，具有重大发展潜力和广阔市场需求，对海洋经济发展起着战略导向作用的开发、利用和保护海洋的生产和服务活动，其发展形态可在海洋生物育种和健康养殖业、海洋生物医药业、海水综合利用产业、海洋可再生能源产业、海洋高端装备制造业等海洋新兴产业中初见端倪（表1-1）。从7个产业的共性特征来看，都是以海洋高新科技发展为基础，以人类的需求为市场前提与市场潜力，是当前我国海洋产业技术创新与人类海洋文化与海洋利用理念最为集中的领域，符合海洋战略性新兴产业的内涵，既是"十二五"以至今后更长一段时期沿海地区经济发展的核心内容和主攻方向，又是中国沿海区域海洋产业重点培育的行业。因此，从人类海洋利用伦理价值而言，战略性海洋新兴产业既表征了海洋文化产业的核心技术研发趋向，又集中体现了以人类海洋技术为中心的研发水平与产业化程度，因此，它们是海洋文化产业的发展动向与时代趋势。

表 1-1　战略性海洋新兴产业的基本特征

	基本内涵	主要行业构成	发展动力	核心驱动要素	与海洋文化产业关系
海洋生物育种和健康养殖业	综合利用现代育种技术、养殖技术和疾病防控技术，培育高产优质新品种，并实施健康、环保养殖模式的海洋产业	海洋生物育种、健康养殖	种质资源质量的高低直接决定了海水养殖业发展的成效	海洋生物育种技术	人类的海洋消费习惯与海洋生物技术创新追求
海洋生物医药业	以海洋生物为原料或提取有效成分，进行海洋药品与海洋保健品的生产加工及制造活动	基因、细胞、酶、发酵工程药物、基因工程疫苗、新疫苗、菌苗；药用氨基酸、抗生素、维生素、微生态制剂药物；血液制品及代用品；诊断试剂；血型试剂、X光检查造影剂、用于病人的诊断试剂；用于动物肝脏制成的生化药品等	基因技术、药物合成技术、化工制剂技术	海洋生物基因研发与药物合成技术	人类的海洋消费习惯与海洋生物技术创新追求

	基本内涵	主要行业构成	发展动力	核心驱动要素	与海洋文化产业关系
海水综合利用产业	利用海水进行淡水生产,海水应用于工业冷却用水和城市生活用水、消防用水等,还包括海水提溴、提镁、提铀等活动	海水的直接利用和海水淡化以及海水中化学元素的提取活动	膜技术	化学材料制作与海水淡化技术	人类的水资源与矿物元素需求
海洋可再生能源产业(海洋电力业)	在沿海地区利用各种海洋可再生能源进行的电力生产活动,不包括沿海地区的火力发电和核力发电	主要包括海洋风能、潮汐能、潮(海)流能、波浪能、温差能、盐差能和海洋生物质能	海流与海浪蕴藏的动能、势能等的捕捉技术与传播技术	海水运动的捕捉、传播技术	人类的能源需求与消费习惯
海洋高端装备制造产业	利用金属和非金属材料制造海洋运输、生产、探测等高新技术装备的生产活动	包括海洋工程装备、水下装备及配套作业工具、海洋监测技术装备、特种船舶等	海洋装备制造技术的专利研发与产业化孵化	流体力学、材料科学与船舶工业集成技术	人类利用海洋活动载体的科学设计与研发技术
深海矿产资源勘探开发产业	深海资源的勘探、开采和加工利用等开发活动	主要包括深海固体矿产(大洋多金属结核、富钴结壳、金属软泥等)、深海油气(深海石油、天然气和天然气水合物)的勘探与开采	深海活动工具的研发	深海活动工具的集成设计与深潜实验	人类对深潜器设计、制造与研发技术的渴望程度
海洋环保产业	指对海洋环境的监测管理、海洋环保技术与装备的开发应用而进行的海洋自然环境保护、治理和生态修复整治活动	一是海洋自然环境保护,包括海洋和海岸自然生态系统保护、海洋生物物种保护、海洋自然遗址和非生物资源保护、海洋特别保护区管理、海洋野生动植物保护;二是海洋环境治理,包括海洋陆源排污治理、海水污染治理、海洋危险废物治理、海洋倾废治理等;三是海洋生态修复,包括海洋污染生态修复、海洋灾害生态修复、其他海洋生态修复等	海洋监测与管理技术	海洋利用理念	人类的海洋开发利用理念与工具集成技术体系

三、海洋文化产业分类与统计研究的内容与方法

20世纪90年代以来,我国海洋经济发展迅速,规模不断扩大,发展条件日趋完善,在沿海地区经济合理布局和产业结构调整以及促进国民经济持续健康发展中发挥了重要作用。特别是进入21世纪以来,党的十六大提出了"实施海洋开发"战略,《全国海洋经济发展规划纲要》确定了我国海洋经济的发展目标和方向。海洋经济成为国民经济新的增长点。其中,海洋文化产业已经成长为海洋第三产业的重要部分,甚至部分海洋第二产业的海洋文化特性已经显现,学界相关专家估算中国海洋文化产业增加值在"十二五"期间以每年约9%的增速快速发展。尽管上述数据令人鼓舞,但应当指出的是,该数据反映的并不是整个海洋文化产业运行的全貌。实际上,海洋文化产业对海洋经济、国民经济的贡献要远远大于目前学界估算数据。众所周知,海洋文化产业是由众多涉海部门与行业之间复杂的经济联系构成的一个系统,既包括海洋产业活动,也包括与海洋产业密切关联的其他文化经济活动,这些都是海洋文化产业的重要组成部分。而目前发布的海洋经济统计数据、文化产业统计数据仅仅是对十几个主要海洋产业或数个主要文化产业行业的统计,其统计范围不仅没有包括海洋科研、教育、管理和服务等海洋文化核心行业,也没有包括与主要海洋文化产业密切相关的上下游文化产业,如利用海洋资源制造民间工艺品的行业、地方海洋博物馆设计与展示、海洋文化节庆等。因此,科学界定海洋文化产业范畴、合理划分海洋文化产业,已成为海洋文化经济管理和海洋文化经济研究中迫切需要解决的最基本问题。

(一)海洋文化产业分类与统计规范的内容

规范海洋文化及相关产业的范围是建立科学可行的海洋文化产业统计的前提和基础。海洋文化产业分类与统计规范的内容主要包括海洋文化产业分类的概念与范围、分类框架体系、特别处理、调查实施方案等的研制。具体主要由以下几个方面构成。

(1)明确我国海洋文化产业的统计范围、层次、内涵和外延。

(2)确定海洋文化产业的分类与分组,以便于科学地调查、统计海洋文化产业,掌控海洋文化产业发展从量变到质变的内在规律,优化海洋文化产业的设计与规划。

（3）根据《国民经济行业分类》的线分类法和层次编码方法，将海洋文化经济活动划分为类别、大类、中类和小类四级，形成海洋文化产业分类编码体系。

（4）构建海洋文化产业统计调查实施体系，尤其是确定海洋文化产业调查实施方案、信息系统框架与组织工作程序。

（二）海洋文化产业分类与统计规范探索的基本方法

产业不是一个确定的概念，由于研究产业问题的角度和目的是多种多样的，从而形成多层次的产业概念和多种产业分类方法（刘铁民，1991）。海洋文化产业分类研究主要采用宏观与微观分析结合、文献比较研究、多学科交叉与综合等方法。

1. 宏观与微观分析结合

既把握国际国内海洋文化产业的发展趋势与分类状况，又考察典型地区海洋文化产业发展；既把握海洋产业整体发展的趋势，又符合区域文化经济发展的实际，提出合乎产业自身特点和发展规律的分类架构。

2. 文献比较研究

在比较视野下对海洋文化分类与统计研究进行客观的观察和思考，加强研究的针对性，全面审视与解读海洋文化产业分类与统计规范的脉络。

3. 多学科交叉与综合

既借助文化学对于海洋文化产业发展的时间维度分析，又融合统计学的行业调查与普查分析；既注重经济学的经济理性分析，又充分发挥管理学的公共政策与社会效益分析；同时还考虑了海洋文化产业的区域差异性及其调查与分类的特殊化处理。

参考文献

[1] 杨国桢. 中华海洋文明论发凡 [J]. 中国高校社会科学，2013（4）：43-56.

[2] 曲金良. 中国海洋文化研究的学术史回顾与思考 [J]. 中国海洋大学学报（社会科学版），2013（4）：31-39.

[3] 韩庆华，卢希悦，王传荣. 论文化与经济的相互融合——把握文化经济发

展的历史新机遇 [J]. 山东大学学报(哲学社会科学版),2010(1):46-51.

[4] 高波,张志鹏. 文化资本:经济增长源泉的一种解释 [J]. 南京大学学报(哲学人文科学社会科学版),2004(5):102-112.

[5] 刘堃. 海洋经济与海洋文化关系探讨——兼论中国海洋文化产业发展 [J]. 中国海洋大学学报(社会科学版),2011(06):32-35.

[6] 韩兴勇,杜贤琛. 浅议海洋文化与海洋经济协同发展 [J]. 中国农学通报,2014,30(29):75-80.

[7] 梁嘉琳. 两部委有望共推海洋文化产业 [N]. 经济参考报,2011-10-31.

[8] 张陶钧,班晓娜. 海洋文化产业的就业拉动效应 [J]. 党政干部学刊,2014(10):51-55.

[9] 刘堃,韩立民. 海洋产业的指标体系及其前景 [J]. 重庆社会科学,2011(10):18-23.

[10] 毛伟,居占杰. 中国战略性新兴海洋产业的灰色关联度分析 [J]. 中国渔业经济,2012,30(5):63-68.

[11] 何广顺,王晓惠. 海洋及相关产业分类研究 [J]. 海洋科学进展,2006,24(3):365-370.

[12] 张林. 解读《体育及相关产业分类(试行)》(国统字〔2008〕79号)[J]. 环球体育市场,2008(2):33-34.

[13] 姜喜麟.《林业及相关产业分类(试行)》及林业统计年报制度实施情况调查报告 [J]. 林业经济,2012(3):64-67.

[14] 张开城,张国玲. 广东海洋文化产业 [M]. 北京:海洋出版社,2009,41-43.

[15] 钱紫华,闫小培,王爱民. 文化产业体系构建的回顾与思考 [J]. 人文地理.2007,93(1):97-104.

[16] The UNESCO Framework for Cultural Statistics [R]. Paris: UN-ESCO,1986.

[17] Scott A J. Cultural-products Industries and Urban Economic Development: Prospects for Growth and Market Contestation in Global Context [J]. Urban Affairs Review,2004,39(4):461-490.

[18] Scott A J. The Cultural Economy of Cities [J]. International Journal of Urban and Regional Research,1997,21(2):323-339.

[19] 阿伦·斯科特. 文化产业:地理分布与创造性领域 [R].// 林拓. 世界文化产业发展前沿报告(2003-2004)[M]. 北京:社会科学文献出版社,2004:143-149.

[20] 张开城,徐质斌. 海洋文化与海洋文化产业研究 [M]. 北京:海洋出版社,
2008:4-7.

[21] 林宪生. 基于区域合作理念对辽宁省滨海文化产业一体化建设的研究 [J].
海洋开发与利用,2009(5):104-109.

[22] 郑贵斌,刘娟,牟艳芳. 山东海洋文化资源转化为海洋文化产业现状分析
与对策思考 [J]. 海洋开发与管理. 2011(3):90-94

第二章
我国海洋文化产业统计工作现状

　　海洋文化产业由于起步较晚,在国内暂时没有明确而公认的统计指标和体系。加强海洋文化产业的宏观管理,需要加强海洋文化产业的研究。迫在眉睫的问题是加强海洋文化产业统计工作。因此,有必要对我国海洋文化产业统计历史沿革进行梳理,同时掌握海洋文化统计工作的现状。

一、海洋文化产业统计沿革

　　虽然海洋文化产业是近年来提出的新概念,没有明确的统计体系,但由于它兼具海洋产业和文化产业的特点,因此从文化产业和海洋产业统计的历史变化中,可以尽可能地了解到海洋文化产业的统计沿革。

(一)国家层面的海洋文化产业统计历程

1. 文化产业统计方面

　　国家统计局在 2004 年首次出台了《文化及相关产业分类(2004)》的规定,在《国民经济行业分类》(GB/T 4754-2002)的基础上,规定了我国文化及相关产业的范围,适用于统计及政策管理中对文化及相关活动的分类。在这份规定中,指出文化及相关产业是指为社会公众提供文化、娱乐产品和服务的活动,以及与这些活动有关联的活动的集合。同时也提出了文化及相关产业的活动主要包括:① 文化产品制作和销售活动;② 文化传播服务;③ 文化休闲娱乐服务;④ 文化用品生产和销售活动;⑤ 文化设备生产和销售活动;⑥ 相关文化产品制作和销售活动。这些活动可分为两部分,第一部分为文化服务:① 新闻服务;② 出版发行和版权服务;③ 广播、电视、电影服务;④ 文化艺术服务;⑤ 网络文化服务;⑥ 文化休闲娱乐服务;⑦ 其他文化服务;第二部分为相关文化服务:⑧ 文化用品、设备及相关文化产品的生产;⑨ 文化用品、设备及相关文化产品的销售。

国家统计局在后来发布的《文化及相关产业分类(2012)》中对文化产业的解释和具体活动进行了调整。它重新将文化及相关产业定义为:社会公众提供文化产品和文化相关产品的生产活动的集合。文化及相关产业分为两大部分。第一部分为文化产品的生产:① 新闻出版发行服务;② 广播电视电影服务;③ 文化艺术服务;④ 文化信息传输服务;⑤ 文化创意和设计服务;⑥ 文化休闲娱乐服务;⑦ 工艺美术品的生产。第二部分为文化相关产品的生产:⑧ 文化产品生产的辅助生产;⑨ 文化用品的生产;⑩ 文化专用设备的生产。

修订后的最新版分类标准和之前相比有三点不同:一是把文化及相关产业的定义进一步完善为"指为社会公众提供文化产品和文化相关产品的生产活动的集合",并在范围的表述上对文化产品的生产活动(从内涵)和文化相关产品的生产活动(从外延)做出解释;二是为适应我国文化产业发展的新情况、新变化,对原有的类别结构和具体内容作了调整,增加了文化创意、文化新业态、软件设计服务、具有文化内涵的特色产品的生产等内容和部分行业小类,删除了旅行社、休闲健身娱乐活动、教学用模型及教具制造、其他文教办公用品制造、其他文化办公用机械制造和彩票活动等;三是由于目前我国文化体制改革已取得新突破,文化业态不断融合,文化新业态不断涌现,许多文化生产活动很难区分是核心层还是外围层,因此此次修订不再保留三个层次的划分。新分类用文化产品的生产活动、文化产品生产的辅助生产活动、文化用品的生产活动和文化专用设备的生产活动等四个方面来替代三个层次。其中,文化产品的生产活动构成文化及相关产业的主体,其他三个方面是文化及相关产业的补充。因此新分类规定的文化产业的统计范围具体内容是:① 以文化为核心内容,为直接满足人们的精神需要而进行的创作、制造、传播、展示等文化产品(包括货物和服务)的生产活动;② 为实现文化产品生产所必需的辅助生产活动;③ 作为文化产品实物载体或制作(使用、传播、展示)工具的文化用品的生产活动(包括制造和销售);④ 为实现文化产品生产所需专用设备的生产活动(包括制造和销售)。

新的文化产业统计标准重新强化和规范了文化产业统计,体现了"约束性",有利于防范、扭转文化产业统计上的"各行其是",遏制文化创意产业"泛化"及空洞化趋势。

2. 海洋产业统计方面

海洋经济是由众多涉海部门与行业之间的经济联系构成的一个系统,既包括海洋产业活动,也包括与海洋产业密切关联的其他经济活动。我国的海洋产业统计工作是随着海洋经济的快速发展而逐步发展完善起来的,经历了一个从产业分散统计到部门集中统计、从部分海洋产业统计到海洋经济全面统计、从松散化管理到制度化管理的发展历程。

20世纪90年代以前,海洋产业统计作为部门统计的一部分,被分散和交叉在各个涉海部门统计中。如渔业统计划归在农业部,船舶运输划归在交通部,等等。对系统研究海洋并对相关数据进行统计的科研人员造成了诸多不便。

1990年,国家海洋局发布了《全国海洋统计指标体系及指标解释》,第一次明确提出海洋产业活动包括海洋交通运输、海洋水产、海洋盐业、海洋矿产、滨海旅游、海洋能、海水利用、海洋药物等8类,并制定了反映这8类海洋产业活动的主要统计指标,界定了这些指标的定义和统计范围,初步确立了海洋经济统计的分类体系,奠定了海洋经济统计工作的基础。但在实际统计中由于条件限制,只统计了海洋水产、海运和港口、海盐、海洋石油和天然气、海滨砂矿和滨海国际旅游等6类产业活动。

1991年国家海洋局召开海洋统计工作协调会,与会的有国家统计局、国家计委等与海洋产业统计相关的部门和单位,会议代表们一致同意成立全国的海洋信息网,并通过了相应的组网方案,同时还确定从1992年起每年编发一期海洋统计年报,初期每三年编辑出版一期《中国海洋统计年鉴》(内部发行),以后创造条件逐步过渡到每年出版一期《中国海洋统计年鉴》。这次会议为后面的海洋统计数据渠道提供了稳定有力保障。

同年,国家海洋局组织编制了《1990中国海洋统计年报》,统计范围包括了海洋水产、港口与海运、海盐、海洋石油和天然气、海滨砂矿和滨海旅游等6类主要海洋产业活动。此后出版《中国海洋统计年报》一直按着这个统计范围进行数据统计整理。但在后来出版的《1994年中国海洋统计年报》中,统计范围发生了变化,开始将"港口与海运"更名为"海洋交通运输"并在上述6类产业的基础上,增加了"海洋造船"。从此,主要海洋产业统计范围增加到7类。

1991年至1994年期间,国家海洋局、国家统计局和国家计委联合印发了《关于开展海洋统计工作的通知》,在国家统计局、国家计委领导下,国家海洋局牵头先后将由国务院各涉海部门的统计部门以及沿海省、区、市的海洋管理、统计、计划部门联合组成了全国海洋统计信息网。整个信息网采取中央与地方相结合的形式。

1995年1月,国家海洋局、国家统计局和国家计委联合印发了《关于沿海地方开展海洋统计工作的通知》(国海计〔1995〕067号文)。通知指出"近几年,沿海政府日益重视海洋,把海洋开发列入了政府的议事日程,纷纷制定了本地区的海洋发展战略,部分省、自治区、直辖市的海洋统计工作在省统计局的直接指导下已经起步"。通知要求沿海省、自治区、直辖市的海洋主管部门,在当地统计局、计委的指导下,联合涉海各部门,开展本地区的海洋统计工作,搜集、提供海洋统计资料。各地海洋主管部门应汇总出本地区涉海社会经济统计数据,经省(自治区、直辖市)统计局、计委审定后于每年9月底前分别报送国家海洋局和国家统计局。

1995年,由国家海洋局编制,中国统计出版社出版的《中国海洋统计年鉴1993》,首次向外界公开发布了我国的海洋统计资料。年鉴中统计数据涵盖的海洋产业共涉及海洋水产、海运与港口、海盐、海洋石油和天然气、滨海国际旅游、海洋科技与教育和海洋服务等7类;指标包括实物量指标(个数、人数、面积、产量、里程)和价值量指标(产值)。此次海洋统计年鉴的出版也标志着中国海洋统计信息网的搭建初步完成,开始形成了一个由各涉海部委的统计部门以及沿海省、区、市的海洋管理、统计、计划等部门组成的,中央与地方相结合的海洋统计信息网。此后,在海洋统计信息网的支持下,海洋统计工作也得到了更加蓬勃的发展。从1997年开始,《中国海洋统计年鉴》改由海洋出版社出版,每年定期公布上一年度的海洋经济统计资料,统计口径范围沿袭了《中国海洋统计年报》。

1999年,国家统计局批准执行《海洋统计综合报表制度》,将海洋统计正式纳入国家统计制度。后来中间经过多次修订和完善,形成了1999年版、2004年版、2007年版和2009年版一共4个版本,分别体现了不同时期我国的海洋统计报表制度。

2003 年国家统计局开始实行《海洋统计快报任务》，更加提高了海洋统计的时效性。同年国家海洋局就进一步加强海洋统计工作在海洋事业中的地位，提出了海洋统计工作的三项任务：一是要尽快统一涉海统计部门和地区的统计口径；二是要在统计口径确定后，按新口径推算历史数据，形成完整的数据体系；三是自 2004 年起开始施行海洋统计半年报制度，并逐步过渡到季报。

2004 年，国家海洋局首次向外公开发布《2003 年中国海洋经济统计公报》，公报中统计了海洋渔业、海洋交通运输业、海洋油气业、滨海旅游业、海洋造船工业、海盐和海洋化工业、海洋生物医药业共 7 类海洋产业的产值以及海洋一、二、三产业的增加值，全方位地分析了我国海洋经济的发展情况，充分反映了我国海洋经济运行状况。在此基础上发布的《2005 年中国海洋经济统计公报》又增加了海洋电力业、海洋工程建筑业、海水综合利用业和海滨砂矿业，并将海盐和海洋化工业分离为两个独立的产业，主要的海洋产业统计范围也增加到 12 类之多。

在海洋经济统计标准化方面，国家海洋局于 1999 年首次发布了海洋统计领域的行业标准《海洋经济统计分类与代码（HY/T 052-1999）》。标准以涉海性为原则，从整个国民经济体系中划分出与海洋有关的产业分类和统计范围，按一、二、三产业的顺序将海洋经济统计划分为大、中、小三类。其中大类 15 类，包括海洋农林渔业、海洋采掘业、海洋制造业、海洋电力和海水利用业、海洋工程建筑业、海洋地质勘查业、海洋交通运输业、海事保险业、海洋社会服务业、滨海旅游业、海洋信息咨询服务业、海上体育事业、海洋教育和文化艺术业、海洋科学研究与综合技术服务业和国家海洋管理机构。这一行业标准的发布规范了海洋行业分类方法，统一了海洋行业分类口径，是我国海洋经济统计工作迈向标准化的起点和标志。

在后来出版的《中国海洋统计年鉴 2002》中根据该标准调整了相应的海洋产业统计口径，增加了海洋化工、海洋生物制药和保健品、海洋电力和海水利用、海洋工程建筑、海洋信息服务和其他海洋产业，同时增加了沿海地区国内旅游统计，与原来的滨海国际旅游合并调整为滨海旅游。

2005 年，国家海洋局组织开展了海洋及相关产业分类研究工作。第二年我国海洋经济领域的第一个国家标准《海洋及相关产业分类》（GB/T 20794-2006）正式出台。参考联合国《国际标准产业分类》，在我国《国民经济行业分类》的基础上，这一标准明确了海洋经济和海洋产业的概念，区分了海洋产业及海洋相关产业两个类别，具体的产业包含了28大类、107中类、380小类，构建起了完整的海洋经济统计分类体系。同年，国家海洋局编制发布了海洋行业标准《沿海行政区域分类与代码》（HY/T 094 -2006）。从《中国海洋统计年鉴2007》版开始，按照新的标准对相关产业数据进行了统计和规范。

2007年，国家海洋局又根据前一年制定发布的《海洋生产总值核算制度》，对之前的海洋统计调整，海洋产业统计产业增加至28个，包括：海洋渔业、海洋油气业、海洋矿业、海洋盐业、海洋船舶工业、海洋化工业、海洋生物医药业、海洋工程建筑业、海洋电力业、海水利用业、海洋交通运输业、滨海旅游业、海洋信息服务业、海洋监测预报服务、海洋保险与社会保障业、海洋科学研究、海洋技术服务业、海洋地质勘查业、海洋环境保护业、海洋教育、海洋管理、海洋社会团体与国际组织、海洋农林业、海洋设备制造业、涉海产品及材料制造业、涉海建筑及安装业、海洋批发与零售业、涉海服务业。中、小类也相应地进行了调整。

2013年，国家海洋局又出台了《海洋经济指标体系》（HY/T 160-2013），新的指标体系于2014年开始实行。2014年国家海洋局在发布的《第一次全国海洋经济调查总体方案》的基础上，参考了《国民经济行业标准》（GB/T 4754-2011），对海洋及相关产业进行了分类，共包括2个类别、34个大类、128个中类、416个小类。其中，海洋产业包括24个大类（海洋渔业、海洋水产品加工业、海洋油气业、海洋矿业、海洋盐业、海洋船舶业、海洋工程装备制造业、海洋化工业、海洋药物和生物制品业、海洋工程建筑业、海洋可再生能源利用业、海水利用业、海洋交通运输业、海洋旅游业、海洋科学研究、海洋教育、海洋管理、海洋技术服务业、海洋信息服务业、涉海金融服务业、海洋地质勘查业、海洋环境监测预报减灾服务、海洋生态环境保护、海洋社会团体与国际组织），83个中类，282个小类。海洋相关产业包括10个大类（海洋农林业、涉海设备制造、海洋仪器制造、涉海产品再加工、涉海原材料制造、海洋新材料制造业、涉海建筑与安装、海洋产品批发、海洋产品零售、涉海服务），45个中类，134个小类。

从国家海洋产业统计发展的20多年历程来看，我国海洋产业统计主要经历了6个版本的变化，分别是1990年的《全国海洋统计指标体系及指标解释》、1991年的《中国海洋统计公报》（1990）、1995年的《中国海洋统计年鉴1993》、1999年的《海洋经济统计分类与代码（HY /T 052-1999）》、《中国海洋统计年鉴

2002》、2007 年的《海洋及相关产业分类》（GB/T 20794-2006）和《海洋生产总值核算制度》、2014 年的《第一次全国海洋经济调查总体方案》和《海洋及相关产业分类》（调查用），见表 2-1。

表 2-1　我国海洋产业统计范围变化

海洋产业统计范围			
包含项目	补充说明	时间	来源
海洋交通运输、海洋水产、海洋盐业、海洋矿产、滨海旅游、海洋能、海水利用、海洋药物	开创了我国海洋经济统计工作的先河，标志着我国海洋统计工作作为一个独立的统计体系正式起步	1990年	《全国海洋统计指标体系及指标解释》
海洋水产、海运和港口、海盐、海洋石油和天然气、海滨砂矿和滨海国际旅游	1994 年起将"港口与海运"改为"海洋交通运输"，并增加了"海洋造船"	1991年	《中国海洋统计公报》（1990）
海洋水产、海运与港口、海盐、海洋石油和天然气、滨海国际旅游、海洋科技与教育和海洋服务	首次对外公布的海洋统计资料，代表了我国海洋统计信息网的初步建立	1995年	《中国海洋统计年鉴 1993》
海运与港口、海盐、海洋石油和天然气、滨海旅游、海洋科技与教育和海洋服务、海洋化工、海洋生物制药和保健品、海洋电力和海水利用、海洋工程建筑、海洋信息服务和其他海洋产业	增加了海洋化工、海洋生物制药和保健品、海洋电力和海水利用、海洋工程建筑、海洋信息服务和其他海洋产业，同时增加了沿海地区国内旅游统计，与原来的滨海国际旅游合并调整为滨海旅游	1999年	《海洋经济统计分类与代码（HY/T 052-1999）》《中国海洋统计年鉴 2002》
海洋渔业、海洋油气业、海洋矿业、海洋盐业、海洋船舶工业、海洋化工业、海洋生物医药业、海洋工程建筑业、海洋电力业、海水利用业、海洋交通运输业、滨海旅游业、海洋信息服务业、海洋监测预报服务、海洋保险与社会保障业、海洋科学研究、海洋技术服务业、海洋地质勘查业、海洋环境保护业、海洋教育、海洋管理、海洋社会团体与国际组织、海洋农林业、海洋设备制造业、涉海产品及材料制造业、涉海建筑及安装业、海洋批发与零售业、涉海服务业	现行统计年鉴和统计公报中使用	2007年	《海洋及相关产业分类》（GB/T 20794—2006）、《海洋生产总值核算制度》

海洋产业统计范围			
包含项目	补充说明	时间	来源
海洋渔业、海洋水产品加工业、海洋油气业、海洋矿业、海洋盐业、海洋船舶业、海洋工程装备制造业、海洋化工业、海洋药物和生物制品业、海洋工程建筑业、海洋可再生能源利用业、海水利用业、海洋交通运输业、海洋旅游业、海洋科学研究、海洋教育、海洋管理、海洋技术服务业、海洋信息服务业、涉海金融服务业、海洋地质勘查业、海洋环境监测预报减灾服务、海洋生态环境保护、海洋社会团体与国际组织、海洋农林业、涉海设备制造、海洋仪器制造、涉海产品再加工、涉海原材料制造、海洋新材料制造业、涉海建筑与安装、海洋产品批发、海洋产品零售、涉海服务	现行统计年鉴和统计公报中尚未使用,目前仅适用于海洋经济普查	2014年	《第一次全国海洋经济调查总体方案》、《海洋及相关产业分类》（调查用）

注释:由于统计历史沿革变化,本表的海洋产业包含海洋相关产业。

（二）省级政府层面的海洋文化产业的发展

在省级层面上,仅有部分省市近年来开展了海洋文化产业的统计。同时由于区域位置不同等多种原因,对海洋文化产业的统计也是各有特点。

2011年山东半岛蓝色经济区发展规划正式上升为国家战略,青岛作为山东半岛蓝色经济区的重要城市,为了推进以海洋产业为核心的蓝色经济发展,更加科学、客观地反映青岛海洋经济发展实际,青岛市统计局研究制订《青岛市海洋产业统计实施方案》,并完成了2010年青岛市及12区市海洋产业统计数据测算工作。

2012年青岛对海洋文化产业的统计结合《文化及相关产业分类（2012）》统计标准,结合地方实际,研究确定海洋文化产业范畴的对应部类、大类、中类、小类及其相关延伸子类的内涵,并逐一给出概念定性和特征表述。同时,根据统计可行性原则,基于"海洋文化产业是以海洋文化为主要内容或载体,以海洋行业、海洋相关产业为生产、经营主体,以及以海滨海岸、岛屿或海上海底为存在和呈现空间的文化产业"的概念和内涵,共遴选出海洋文化产业对应的主要类目80个,并对每个类目进行详细注释,以此作为甄别海洋文化产业的重要依据。

2014年由国家海洋局宣传教育中心组织指导,广东海洋大学具体承担的《粤桂琼海洋文化产业蓝皮书》(2010—2013)正式出版,该书对广东、广西和海南三省(区)海洋文化产业进行了统计分析,在该书中海洋文化产业被分为7类:滨海旅游业、海洋节庆会展业、海洋广电传媒业、海洋图书出版业、滨海休闲业、海洋特色演艺业、海洋动漫产业。同时还按宽、窄两种统计口径(窄口径不含滨海旅游业)对三个省区的海洋文化产业产值进行计算。

二、海洋文化产业统计规范探索

(一)学界研究历程与现状

"海洋文化"这一概念正式进入学术研究领域并受到学界重视始于20世纪90年代初,在此之前有关海洋文化的研究都是分散在各个学科,较为零散、不成系统。此后对海洋文化的研究不仅成了学界研究的重点,也成了社会各界和政府关注的热点。现将近年来海洋文化研究的学术历程梳理如下:

1991年起《中国海洋报》副刊开设了"中国海洋文化论坛",截至1993年共开设了23期。1993年以来广东省炎黄文化研究会作为国内最早研究海洋文化方面的民间社会团体举办了多次海洋文化笔会和研讨会,其中1995年首次举办了海洋文化笔会,相关研讨会举办6次,并于1997年结集出版了系列的《岭峤春秋——海洋文化论集》和系列的《岭峤春秋——岭南文化论集》;受此影响,全国性和沿海各地海洋文化论坛、海洋文化年会、综合性和专题性学术研讨会等纷纷举办,浙江省海洋文化研究会、福建省海洋文化中心、舟山群岛中国海洋文化研究中心等沿海团体组织也借势先后成立。

1996年中国海洋大学提出研究海洋文化,并于第二年成立全国首家海洋文化研究所,1998年起开设"海洋文化概论"课程,1999年出版《海洋文化概论》,并自同年出版《中国海洋文化研究》集刊,受到学界和社会各界广泛重视。此后,浙江海洋学院海洋文化研究所、广东海洋大学(原湛江海洋大学)海洋文化研究所、上海海事大学海洋文化研究所、大连海洋大学海洋文化研究所等也相继成立,中国的台湾海洋大学也成立了海洋文化研究所。还有一些高校成立了海洋文化相关领域的研究机构,如大连海事大学航海历史文化研究中心、上海海事大学海洋经济与文化研究中心、福州大学闽商文化研究院、厦门大学海洋文明与战略发展研究中心等。

2004年10月广东省海洋与渔业局召开"广东海洋与渔业文化研讨会",这是官方第一次发起并主办的海洋文化研究活动;由广东省海洋局批准,张开城教授主持的广东省海洋与渔业局研究项目:《广东海洋文化产业的现状、问题与对策》(2005—2007)是国内率先进行海洋文化产业研究的立项课题。

2005年,在浙江岱山成功举办中国海洋文化节,此后连续举办的海洋文化方面的专题性研讨是海洋文化节的重要内容。2005年郑和下西洋600周年,国家和政府高度重视,全国各地举行了一系列大规模的纪念活动和学术研讨活动,郑和研究以及造船史、航海史、外交史等多个相关方面的研究,也成为学界热点,促进了中国海洋文化相关史实研究的开展。

2005年11月"2005国际海洋论坛暨海洋经济·文化学术研讨会"在广东海洋大学召开,这是国内首个以"海洋文化与海洋文化产业"为会议主题的研讨会。《光明日报》、《中国海洋报》、中科院《科学新闻》杂志;光明网、科学网、中国产业经济信息网等都进行了报道。中科院《科学新闻》杂志对此次研讨会给以高度评价:"本场研讨会的独特之处在于:一是以海洋文化产业为主题的国际学术研讨会在国内尚属首次,二是此次研讨会我国四所海洋类高校的海洋文化研究所汇聚一堂,到会的还有许多国内外名家,会议收到了来自包括中国台湾和韩国在内的40多篇论文,且具有很高的专业水准,对于推动海洋文化产业研究、推动地区间的合作与交流将起到积极的作用。"

2006年起国家对海洋文化问题越发重视,国家海洋局作为国家政府部门主抓海洋文化建设,同时开始进行全国性海洋文化研究和建设发展的现状调研。同年,还对外公布建立浙江省海洋文化与经济研究中心,通过对浙江海外经济文化交流、当代浙江海洋经济与管理、浙东文化与区域社会变迁三个大方向的研究,探索和解决浙江海洋文化与经济领域前沿的一些现实和重大问题。

2007年召开了作为国家政府部门主办的全国"建设和弘扬海洋文化研讨会",并将优秀论文结集出版。自2008年,国家海洋局、教育部、团中央为贯彻落实胡锦涛同志"要增强海洋意识"的重要指示精神,逐年在全国范围内联合开展"全国大、中学生海洋知识竞赛"活动,中央媒体广泛报道。国家海洋局为此成立专门的办事机构,于2011年正式成立了国家海洋局宣传教育中心。

2012年国家海洋局宣传教育中心和广西海洋局通过了对《广西壮族自治区海洋文化及海洋文化产业发展策划》的评审,这是全国沿海省份中第一个对海洋文化及产业发展做出的具体策划。

2014年国家海洋局宣传教育中心与宁波大学联合举办的"第二届海洋文化学术研讨会暨中国海洋文化经济论坛"在宁波召开。揭牌成立了由国家海洋局宣传教育中心与宁波大学共建的"海洋文化经济研究中心"。旨在搭建海洋文化经济交流合作平台,承担国家和地方政府部门的海洋文化经济课题,推进海洋文化经济学科建设,并提供海洋经济领域的政策咨询与信息服务。

在中国知网中检索篇名中含有"海洋文化"的论文,21世纪初期每年仅有一二十篇,2011年正式破百,此后每年稳定在139篇以上。由此可以看出我国学者对海洋文化产业的研究力量还很薄弱,发展势头高涨也只是近几年的时间,但可喜的是这种研究热情的高涨不是一时的热门,而是处于稳定向上发展的趋势。

在海洋文化产业具体研究方面,研究较早的也是具有代表性的人物有曲金良和张开城。曲金良最早对"海洋文化"这一概念下定义:"海洋文化,作为人类文化的一个重要的构成部分和体系,就是人类认识、把握、开发、利用海洋,调整人与海洋的关系,在开发利用海洋的社会实践过程中形成的精神成果和物质成果的总和,具体表现为人类对海洋的认识、观念、思想、意识、心态,以及由此而生成的生活方式包括经济结构、法规制度、衣食住行习俗和语言文学艺术等形态。"[7] 后来又将这一概念重新表述为"海洋文化,就是有关海洋的文化;就是人类源于海洋而生成的精神的、行为的、社会的和物质的文明化生活内涵。海洋文化的本质,就是人类与海洋的互动关系及其产物"。

张开城则认为海洋文化是人海互动及其产物和结果,是人类文化中具有涉海性的部分。构成海洋文化的两个基本要素是"人"和"海"。在此基础上,他参考《文化及相关产业分类2004》中的"文化产业"的概念"为公众提供文化、娱乐产品和服务的活动,以及与这些活动有关联的活动的集合。"将"海洋文化产业"定义为"海洋文化产业是指从事涉海文化产品生产和提供涉海文化服务的行业"。这一定义不用传统的"活动"而用"行业",表明了海洋文化产业的营利性,突出其产业化的特征。

张开城根据所下定义并结合实际将海洋文化产业的产业范围和行业分类,

划分为滨海旅游业、涉海休闲渔业、涉海休闲体育业、涉海庆典会展业、涉海历史文化和民俗文化业、涉海工艺品业、涉海对策研究与新闻业、涉海艺术业(见表 2-2)。

表 2-2　张开城的海洋文化产业分类

主要行业	具体经济活动
滨海旅游业	滨海城市游、渔村游、海岛游、海上游
涉海休闲渔业	观光渔业、体验渔业、观赏性专门养殖
涉海休闲体育业	水上项目、水下项目、沙滩项目
涉海庆典会展业	节庆(开渔节、海洋文化节、妈祖文化节、珍珠文化节、旅游文化节)、博览会、博物馆
涉海历史文化和民俗文化	饮食起居、服饰、传统节日、婚俗、信仰的产业化开发(惠安女、妈祖崇拜等)
涉海工艺品业	珊瑚、贝类、珍珠工艺品
涉海对策研究与新闻业	广播电视、书报刊、网络、咨询服务
涉海艺术业	文学、艺术、音乐、戏剧曲艺、电影电视剧

资料来源:张开城主编《海洋文化与海洋文化产业研究》。海洋出版社,2008 年版。

张开城从文化产业的概念角度出发,认为海洋文化产业是文化产业的一部分,文化产业可以划分为精神文化、物质文化和行为文化三个方面,三个方面中各有一部分属于海洋文化产业。同时海洋文化产业与海洋产业也有密切的关系,很多产业本身也属于海洋产业的范畴,因此,海洋文化产业也是海洋产业与文化产业的交集。它是两者的有机融合。

王颖在曲金良、张开城等人的研究基础上将海洋文化产业定义为从事海洋文化产品生产和提供服务的经营性行业,认为海洋文化产业本质就是海洋文化的产业化。同时认为这个概念具有以下几层含义:① 从性质上来说,海洋文化产业是生产和提供海洋文化产品、服务的经营性行业,以取得经济效益为目的。② 从产业过程来说,海洋文化产业是按照产业化的方式和手段经营文化,并将海洋文化产品的生产和分配纳入到产业运行的轨道中。③ 就其产业功能而言,海洋文化产业以满足消费者及市场的精神需求为主要的功能。总的来讲,在此定义中海洋文化产业是由海洋文化和产业化两大要素构成。其中,海洋文化是基础性要素,它是海洋文化产业发展的基础性动力;产业化是结构性要素,它决定了海洋文化产业的经济构成。同时王颖也根据此定义将海洋文化产业划分为四类（表2-3）：海洋文化旅游产业、海洋节庆会展业、海洋体育休闲产业、海洋文艺产业，同时他认为张开城划分海洋文化产业时涉海性有一定程度的模糊，不能完全明确地将产业进行划分。因此王颖的海洋文化产业分类力求突显海洋文化和产业化两种属性。

表 2-3　王颖的海洋文化产业分类

海洋文化产业类别	产品及服务
海洋文化旅游产业	海洋自然风光游、海洋民俗风情游、海洋体验游、海岛旅游
海洋节庆会展业	海洋文化节庆、海洋会展、博物馆
海洋体育休闲产业	休闲渔业、沙滩体育娱乐、海洋体育娱乐、深海体育探险、海洋体育主题文化公园、海洋竞技体育观赏
海洋文艺产业	海洋艺术展演业、海洋文学、海洋工艺品制作

资料来源：王颖著《山东海洋文化产业研究》。山东大学博士学位论文，2010年。

　　由于王颖的海洋文化产业分类注重海洋文化和产业化的关系，因此认为海洋文化产业是文化产业中提供海洋文化产品和服务的行业，是文化产业的组成部分。同时由于与海洋产业有一定关系，在行业分类上滨海旅游业（包含深海旅游业）既属于海洋产业，也属于海洋文化产业，又有彼此都不相同的一部分，因此两者属于交集的关系（图2-1与图2-2）。

图 2-1　王颖海洋文化产业与文化产业

资料来源：王颖著《山东海洋文化产业研究》. 山东大学博士学位论文，2010年。

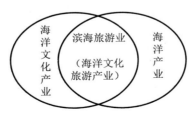

图 2-2　王颖海洋文化产业与海洋产业

资料来源：王颖著《山东海洋文化产业研究》. 山东大学博士学位论文，2010年。

　　李涛从微观视野出发,在熊彼特的创新模型基础上,认为海洋文化产业是海洋科技和海洋文化的融合,它的职能就是实现"海洋创新",引进"海洋新组合"。她在张开城的海洋文化产业基础上将海洋文化产业分成现场体验式海洋文化产业和离场体验式海洋文化产业这两类。现场体验式是指摸得到海、看得到真实的海洋的物理空间中形成的海洋文化产业;离场体验式是指摸不到、看不到真实的物质海洋,通过互联网等科技载体实现的海洋文化产业。她试图用这样的分类方式,表达"海洋"这一文化要素通过技术途径,扩展至人们生活的各个角落,从海岛、沿海人的生活扩展至远离海洋的人群的生活(表2-4)。

表2-4　李涛的文化海洋产业分类

类型		主要经济活动
现场体验式海洋文化产业	观光类海洋文化产业	海岛风光、海岸风光、海底景观等
	生产类海洋文化产业	渔村、港口、海产品生产基地、海滨城市等
	体育类海洋文化产业	水下项目、海上项目、海滩项目、海空项目等
	设施类海洋文化产业	海洋公园、海洋游乐园、海洋浴场、海洋广场、海洋体育馆、海洋休闲度假区等
	民俗类海洋文化产业	海洋庙会、海洋节庆、海洋宗教仪式等
离场体验式海洋文化产业	艺术类海洋文化产业	海洋影视、海洋文学、海洋音乐、海洋美术、海洋演艺等
	民俗类海洋文化产业	海洋庙会、海洋节庆、海洋宗教仪式等
	商品类海洋文化产业	海产品、海洋标本、海洋矿物、海洋风服饰、海洋风实用品、海洋风艺术品等

资料来源:李涛著.《基于科技与文化融合的海洋文化产业研究》.文化艺术研究2014年2期。

　　在海洋文化产业分类上,刘堃提出了不同于张开城等人的研究观点,虽然他接受了曲金良的观点认为海洋文化产业是从事海洋文化产品生产和提供服务的经营性行业,是人类在与海洋的互动中创造的精神财富和物质财富的总和。但他同时提出海洋经济是海洋文化的物质基础,海洋文化是海洋经济发展的精神动力,两者相互渗透、相互制约、相互促进。海洋文化的发展离不开作为基础的海洋经济发展,因此他认为海洋文化产业是海洋文化与海洋经济的交集,是两者相互渗透的结果。他认为海洋经济是海洋文化发展的动力和源泉,不仅为海洋文化提供了必要的物质条件和形成土壤,而且对海洋文化的价值观念、形成、内容和发展方向产生深刻影响。一个国家海洋意识的强弱、海洋知识的多寡也会对这个国家的海洋经济的发展环境、发展速度、发展水准和发展规模产生重要影响。所以,两者之间呈现一种相互制约、相互促进的关系。而作为两者交集的海洋文化产业同时受到这两者的影响、制约(图 2-3 与图 2-4)。

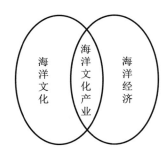

图 2-3 海洋经济与海洋文化相互渗透

资料来源:刘堃 . 海洋经济与海洋文化关系探讨——兼论我国海洋文化产业发展 . 中国海洋大学学报(社会科学版),2011 年 6 期。

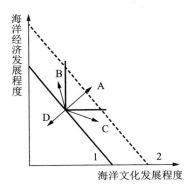

图 2-4 海洋经济与海洋文化相互影响、制约

资料来源:刘堃 . 海洋经济与海洋文化关系探讨——兼论我国海洋文化产业发展 . 中国海洋大学学报(社会科学版),2011 年 6 期。

陈涛也对诸多学者提出的海洋文化是"海洋"加"文化"这种简单的二元相加,提出了批评和反思,他认为海洋文化是一个整体,不能轻易分割,要在大的框架下对其进行整体的研究。这些学者对海洋文化产业的不同分类观点中,我们可以将其归为以张开城为代表的,包括王颖、李涛等人的从文化产业出发的和以刘堃为代表的从海洋产业出发的两种不同的观点。张开城等人认为海洋文化产业究其本质还是文化产业,海洋是其中不可或缺的要素,也是这种文化的属性。刘堃等则认为海洋文化产业是海洋文化与海洋经济的交融,也即海洋文化是一个整体。这两种观点不能简单地判断谁对谁错,但毫无疑问的是学者们基于自身所处领域对海洋文化的不同解读。同时我们也应该看到越来越多的不同领域的专家加入到海洋文化产业研究的行列中来,虽然对海洋文化产业的概念与界定也越来越多,莫衷一是,但这些讨论将加深我们对海洋文化产业的认识,拓展我们未来研究和发展海洋文化产业的视野。

(二)政府产业政策规范探索

海洋文化产业在国家层面尚未有明确的相关政策文件和法律法规,但同时海洋文化产业的发展和统计变化都受文化产业和海洋产业的影响和制约。因此需要分别整理政府发布的与文化产业和海洋产业相关的重要政策法律法规文件。

我国的文化产业政策文件实践历程大致可分为 3 个阶段(表 2-5):第一阶段(1978—1991)这一阶段为文化产业的萌芽阶段。1978 年改革开放以后,中国开始建立市场经济,文化产业积极发展,1985 年国家统计局发布的《关于建立第三产业统计的报告》,首次确认了文化艺术可能具有的"产业"性质。此后又发布了《中共中央关于社会主义精神文明建设指导方针的决议》(1986)、《关于加强文化市场管理工作的通知》(1991)、《文化部关于文化事业若干经济政策意见的报告》(1992),国家开始从宏观层面上用各种力量促进文化产业的发展,1991 年"文化市场"的概念首次出现,随后"文化经济"的概念也被官方正式提出。这一阶段的政策文件虽然没有明确提出文化产业的概念,但为文化产业的提出和起步发展提供了孕育的土壤和环境。

第二阶段(1992—2008)为文化产业的起步发展阶段,1992 年发布的《重大战略决策——加快发展第三产业》是政府首次使用"文化产业"的概念。1993 年的《关于加快发展第三产业的决定》,承接之前的政策文件,首次将报刊经营归为第三产业。1998 年国家文化部成立了文化产业司,主要职能之一就是促进文化产业发展。2000 年政府在《中共中央关于制定国民经济和社会发展第十个五年计划的建议》中首次提出"完善文化产业政策"。2001 年的《国民经济和社会发展"十五"规划纲要》,文化产业在经济发展中的重要地位被认可,文化产业也成为国民经济的重要一环。2004 年文化部发布了《文化及相关产业分类(2004)》,这一文件首次规定了我国文化及相关产业的范围,统计及政策管理中对文化及相关活动的分类,对国家和各个地方政府的文化产业发展进行了标准上的统一。2005年国务院又出台了《关于深化文化体制改革的意见》，提出了文化产业发展的中期规划。这一时期的政策文件主要是提出了文化产业的概念、标准、范围以及前中期的规划发展。

第三阶段（2009年至今）为文化产业的快速发展阶段，2009年政府发布的《文化产业振兴规划》将文化产业的发展上升到国家战略层面。之后又重新修订了《文化及相关产业分类》，成为现行的文化产业统计标准。2012年的《"十二五"时期文化产业倍增计划》中文化产业被认为是国民经济和社会发展战略的重要组成部分。这一阶段的文化产业政策将文化产业的定位提升到国家战略的高度，明确提出了建设"文化强国"的目标，文化产业正处在快速发展的上升期。

表2-5　文化产业历年重要政策文件

年份	政策法律法规文件名称	文件意义
1985	关于建立第三产业统计的报告	确认了文化艺术可能具有的"产业"性质
1986	中共中央关于社会主义精神文明建设指导方针的决议	国家从宏观层面上用各种力量促进文化产业的发展
1988	关于加强文化市场管理工作的通知	"文化市场"的概念首次出现
1991	文化部关于文化事业若干经济政策意见的报告	正式提出"文化经济"的概念
1992	重大战略决策——加快发展第三产业	政府首次使用"文化产业"的概念
1993	关于加快发展第三产业的决定	首次将报刊经营归为第三产业
2000	中共中央关于制定国民经济和社会发展第十个五年计划的建议	首次提出"完善文化产业政策"
2001	国民经济和社会发展"十五"规划纲要	文化产业在经济发展中的重要地位被认可
2004	文化及相关产业分类（2004）	首次规定了我国文化及相关产业的范围，统计及政策管理中对文化及相关活动的分类
2005	关于深化文化体制改革的意见	我国首部关于文化发展的中期规划
2009	文化产业振兴规划	文化产业的发展已上升为国家战略层面

续表

年份	政策法律法规文件名称	文件意义
2012	文化及相关产业分类（2012）	现行文化产业统计标准规范
2012	"十二五"时期文化产业倍增计划	文化产业已成为国民经济和社会发展战略的重要组成部分

　　海洋产业的政策文件实践历程可以分为三个阶段（表 2-6），第一个阶段（1991—1999）是海洋产业发展的标准起步阶段，从 1991 年发布的《关于开展海洋统计工作的通知》开始到 1999 年《海洋统计综合报表制度》为止，这一阶段的海洋产业统计是从无到有的起步阶段，虽然这一时期的海洋产业在不同年份分类范围上出现了各种变动，但就其后续发展来说意义深远，不但建立了海洋产业统计信息网，还建立了统计的一整套标准，1999 年的海洋产业分类标准一直沿用多年直至 2007 年才被修订。

　　第二个阶段（2000—2007）是海洋产业的标准规范阶段，这一时期发布的《海洋统计快报制度》《海洋统计管理暂行办法》《全国海洋统计工作考评办法》等都是为了完善海洋统计的制度体系。2006 年国家海洋局发布的《海洋生产总值核算制度》和《海洋及相关产业分类》（GB /T 20794—2006）使得海洋产业的分类范围再次改变，统计标准也得到进一步的规范。

　　第三个阶段（2008 年至今）是海洋产业的高速发展阶段，这一时期国家发布多份海洋产业和海洋文化产业的发展规划，海洋文化产业的发展也被明确地提出。2013 年的《国家海洋事业发展"十二五"规划》提出要加快促进海洋文化产业的发展。而面对海洋产业新的发展、新的变化，原有的标准不能完全满足当下海洋产业发展的需要，因此国家海洋局从 2014 年开始组织全国第一次海洋经济普查，并特意为此次普查设立新的海洋产业分类标准。

表 2-6　海洋产业历年重要政策法规文件

年份	政策法律法规文件名称
1991	关于开展海洋统计工作的通知
1995	关于沿海地方开展海洋统计工作的通知
1999	海洋统计综合报表制度
2002	海洋统计快报制度

年份	政策法律法规文件名称
2003	海洋统计管理暂行办法
2003	全国海洋统计工作考评办法
2006	国民经济和社会发展第十一个五年规划纲要
2006	海洋生产总值核算制度
2006	海洋及相关产业分类（GB／T 20794—2006）
2008	国家海洋事业发展规划纲要
2012	广西海洋文化及海洋文化产业发展策划
2013	全国海洋文化发展规划纲要
2013	国家海洋事业发展"十二五"规划
2014	第一次全国海洋经济调查总体方案

（三）现有国外与中国相关行业产业统计规范借鉴

由于英国在1998年提出"创意产业"，各国纷纷发展本国的"创意产业"，但由于具体国情和认识不同，称呼也不同，比如日本用数字产业来称呼文化产业，欧盟则称为内容产业，因此对国外文化产业的研究不能只从名称上来谈，主要看其分类范围（表2-7）。

表2-7　不同国家和组织的文化产业内容与分类

国家或组织	文化产业的内容与分类
联合国教科文组织	文化遗产、出版印刷业和著作文献、音乐、表演艺术、视觉艺术、音频媒体、视听媒体、社会文化活动、体育和游戏、环境和自然等10类
国际标准产业分类（第三版）	① 文化内容发源（书籍、音乐、报刊和其他相关资料的出版、软件咨询和供应、广告业、摄影活动、广播电视、戏剧艺术、音乐和其他艺术活动）；② 文化产品的制造（电子元件制造、电视广播发射器和电话机装置的制造、电视广播接收器、磁带、录像机装备和附件的制造、光学仪器和摄影仪器的制造、乐器的制造）；③ 文化内容的翻印和传播（印刷业、录制媒体的再生产、电影和录像的制造与发行、电影放映）；④ 文化交流（其他娱乐业、图书馆和档案活动、博物馆活动、历史遗迹和建筑物的保护）
加拿大	① 信息和文化产业（出版业、电影和录音业、电视广播、因特网、电信业、信息服务业）；② 艺术、娱乐和消遣（演艺、体育、古迹遗产机构、游乐、赌博和娱乐业）
澳大利亚	① 文化遗产和古迹，如博物馆、自然遗产和保护、图书和档案馆等；② 艺术活动，如文学作品的创作、出版和印刷，表演艺术，音乐创作和出版，广播、电视和电影等；③ 体育和健身娱乐活动；④ 文化产品的制造和销售；⑤ 其他文化娱乐类

国家或组织	文化产业的内容与分类
美国	① 文化艺术业（含表演艺术、艺术博物馆）；② 影视业；③ 图书业；④ 音乐唱片业
英国（创意产业）	广告、建筑、艺术和古董市场、手工艺、设计、时尚设计、电影、互动休闲软件、音乐、电视和广播、表演艺术、出版和软件等13个部门
欧盟（内容产业）	制造、开发、包装和销售信息产品及其服务的产业，包括各种媒介上所传播的印刷品内容（报纸、杂志、书籍等），音像电子出版物内容（联机数据库、音像制品服务、电子游戏等），音像传播内容（电视、录像、广播和影视），用做消费的各种数字化软件等
日本	电影、电视、影像、音响、书籍、音乐、艺术等
韩国	与文化商品的生产、流通、消费有关的产业：影视、广播、音像、游戏、动画、卡通形象、演出、文物、美术、广告、出版印刷、创意性设计、传统工艺品、传统服装、传统食品、多媒体影像软件、网络及其相关的产业
中国	文化产品的生产：① 新闻出版发行服务；② 广播电视电影服务；③ 文化艺术服务；④ 文化信息传输服务；⑤ 文化创意和设计服务；⑥ 文化休闲娱乐服务；⑦ 工艺美术品的生产。文化相关产品的生产：⑧ 文化产品生产的辅助生产；⑨ 文化用品的生产；⑩ 文化专用设备的生产

资料来源：马仁锋. 我国创意产业研究的进展与问题：基于城市与区域发展视角. 中国区域经济，2009年3期；马仁锋. 西方文化创意产业认知研究. 天府新论2014年4期。

国外对海洋产业的研究很早就开始了，但基于对本国海洋产业发展的认识不同和政策不同，因此对海洋产业的定义与构成的界定有很大差异。现将不同国家对海洋产业的定义与构成梳理如下。

我们比较后可以发现，除澳大利亚外，各个国家都将海洋娱乐、旅游休闲业等类似带有文化属性的产业划归为海洋产业，表明了这些国家对类似带有海洋文化色彩的产业是极为重视的，同时也反映了在海洋文化产业的分类上，多数国家倾向于归为海洋产业，在实际产业统计方面自然也由海洋部门来统一完成（表2-8）。

表2-8　不同国家和组织对海洋产业的定义与构成

国家	海洋产业的定义	海洋产业的构成
澳大利亚	凡是利用海洋资源进行的生产活动，或是以海洋资源作为主要投入的生产活动	海洋旅游业、海洋石油和天然气业、海洋渔业和海产品加工业、海洋运输业、海洋船舶制造业、海港工业

国家	海洋产业的定义	海洋产业的构成
日本	开发、利用和保护海洋的活动	A类海洋产业：海洋渔业、沿海与内陆水上运输业、海洋盐业、海洋文化、港口运输服务业、港口与水运管理、水运相关产业、砂石开采、原油与天然气、公共设施建造、固定通讯、工程建造与服务、其他商业服务、其他休闲娱乐服务业 B类海洋产业：人造冰、绳网、重油、船舶修造、其他通讯服务 C类海洋产业：鱼类、贝类冷冻、腌制、风干、烟熏的海产品、瓶装、罐装的海产品、其他方式处理的海产品、批发贸易
新西兰	发生在海洋或利用海洋而开展的经济活动，或者为这些经济活动提供产品和服务的经济活动，并对国民经济具有直接贡献的经济活动的总和	海洋矿业、捕捞和养殖渔业、航运业、政府和国防部门、海洋旅游休闲业、研究和教育业、制造业、海洋建筑业
加拿大	在加拿大海洋区域及与此相连的沿海区域内的海洋娱乐、商业、贸易和开发活动及其依赖于这些产业活动所开展的各种产业经济活动，不包括内陆水域的产业活动	海洋渔业、原油和天然气、采石和砂矿产业、水产品加工业、造船和修船业、机电设备业、石油冶炼、建筑业、海洋运输及相关服务、管道运输业、存储、仓运业、通讯业、批发与零售贸易业、专业经营服务业、教育服务业、食宿和餐饮服务业、娱乐和消遣服务业、政府服务业
英国	—	渔业、油气、滨海砂石开采、船舶修造业、海洋设备、海洋可再生能源、海洋建筑业、航运业、港口业、航海与安全、海底电缆、商业服务、许可和租赁业、研究与开发、海洋环境、海洋国防、休闲娱乐业、海洋教育
美国	在生产过程中利用海洋资源或因某些源于海洋的特性，生产所需要的产品或服务活动	海洋建筑业、海洋生物资源业、海洋矿业、船舶和舟艇建造及维修业、海洋旅游及休闲业、海洋交通运输业
中国	指开发、利用和保护海洋所进行的生产和服务活动	海洋渔业、海洋油气业、海洋矿业、海洋盐业、海洋船舶工业、海洋化工业、海洋生物医药业、海洋工程建筑业、海洋电力业、海水利用业、海洋交通运输业、滨海旅游业、海洋信息服务业、海洋监测预报服务、海洋保险与社会保障业、海洋科学研究、海洋技术服务业、海洋地质勘查业、海洋环境保护业、海洋教育、海洋管理、海洋社会团体与国际组织、海洋农林业、海洋设备制造业、涉海产品及材料制造业、涉海建筑及安装业、海洋批发与零售业、涉海服务业

资料来源：作者根据相关政府网站总结.

三、海洋文化产业统计的困境

海洋文化产业由于起步时间晚,研究时间短,国家没有统一标准,因此它的统计存在诸多困难。目前,海洋文化产业统计从理论统计、实际统计、统计组织和统计制度等方面都存在诸多问题。

(一)产业自身概念界定模糊不清

海洋文化产业本身作为新兴产业,虽然发展势头良好,但起步较晚。在国家政府层尚未出台统一的"海洋文化产业"概念界定文件,因此也没有相应的统计理论标准。学界专家学者基于自己所处的领域对海洋文化产业的概念理解与界定不尽相同。这样虽然促进了对海洋文化产业的研究和进一步认识,但概念显得太多太杂。比较各类概念可以发现存在一些类似之处,表明学界在概念的界定方面是有一定的共识的,但仍存在分歧。这些分歧,大体上不影响普通大众对于海洋文化产业的理解,但对于统计工作来说,就存在某些产业按概念界定是否应该列入海洋文化产业的实际问题。王颖对"海洋文化产业"的概念界定基本建立在张开城的概念基础上,但她否认了海洋文化产业的涉海性,结果导致后面海洋文化产业的分类和张开城的差别巨大。

在实际统计工作中,各个地方组织也根据自己的理解提出海洋文化产业的概念,如青岛就提出"海洋文化产业是以海洋文化为主要内容或载体,和以海洋行业、海洋相关行业为生产、经营主体,以及以海滨海岸、岛屿或海上海底为存在和呈现空间的文化产业",与曲金良、张开城等提出的海洋文化产业概念有一定差别。产业分类统计也有所不同,相关的统计结果也就千差万别。因此不同区域统计出的海洋文化产业也将不同,互相之间没有可比性。由此可见,在理论上对海洋文化产业没有一个统一的明确的概念界定,会对统计造成根源性的影响。

(二)部分产业统计边界模糊

海洋文化产业的统计标准暂时没有出台,因此未来一段时间,对海洋文化产业的统计将从海洋产业和文化产业中选取相应指标进行分类统计。因此文化产业和海洋产业的产业分类标准对海洋文化产业有很大影响。

（三）实际统计操作中存在统计内容不全、口径不一

1. 统计内容和范围不全面

海洋文化产业统计针对的是涉及海洋的文化产业，但对于海洋相关产业尚未开展实质性的分类统计，统计指标也只包括主要海洋产业产量和产值等基本指标，缺乏诸如财务、固定资产、投入、产出、贸易、消费、市场、劳动力等深层次指标。另外，对海洋工程装备制造、邮轮游艇、休闲渔业、海洋文化等海洋新兴业态的统计相对滞后，对涉海企业特别是规模以上企业的统计也没有实质性进展。在统计的区域范围上，目前仅统计到沿海省级，缺乏对沿海市级和县级的统计。

2. 各地方统计口径不一致

为了统一规范各地的文化产业统计，自 2010 年，各地统一执行《文化及相关产业统计方案（试行）》标准。然而由于各地之间互相攀比、追求政绩等原因，现实中依然出现了地区间统计口径不同的问题，核算的文化产业增加值偏高，使统计信息的价值大大降低。

（四）海洋文化产业统计组织存在部门间协调难、专业人员匮乏等问题

1. 部门间统计协调困难

海洋文化产业内涵极广，包括休闲渔业、滨海旅游等多个领域，统计工作量极大；而其又归属于不同的管理部门，给海洋文化产业的统计带来诸多不便。在目前体制机制下，各部门仅对本部门本系统内部单位进行管理，而对其他部门主管的文化产业的统计工作缺乏有效的监督与制约。统计工作的统一性要求与部门统计的分散现状存在矛盾，难以保障统计质量。

2. 专业统计人员不足

过去，我国的文化产业统计工作由文化主管部门来进行，自 2010 年起改归统计系统来完成。随之给统计系统增加了新的工作压力，包括任务量的增加和新业务的学习。在海洋产业统计方面也有类似的情况，我国的海洋经济统计队伍由跨部门、跨行业、跨地区的人员组成，统计队伍不稳定、人员变动频繁的问题多年存在。

（五）海洋文化产业缺乏科学的统计制度

1. 现行统计制度未能考虑海洋文化产业统计的完整性

海洋文化产业的统计需要获取海洋产业和文化产业方面的数据。由于海洋文化产业数据统计牵扯部门较多,同时分属海洋产业和文化产业两个统计系统,而相应海洋部门或文化部门数据缺失,都会造成海洋文化产业数据统计效率低下。

2. 现行经济普查、基本单位普查等统计调查制度不完善,无法涵盖海洋文化产业全行业

海洋文化产业尚未有现行的调查统计制度,但作为文化产业的一部分,可以按照文化产业的统计调查制度进行调查统计。针对文化产业点多面广、形式各异、内容庞杂的特点,在调研时通常运用全面调查法、抽样调查法、重点调查法等相济的模式。具体来说,在当前统计调查中,对中央、省、市直机关所属的文化产业机构往往是运用全面调查法;其他机构则需要综合考虑行业归属、企业规模等而运用抽样调查法。对于成熟产业来说,此种模式无疑会奏效。但对文化产业内许多新兴的尚处萌芽阶段的行业门类来说,这种固有的统计调查模式亟待完善。

参考文献

[1] 何广顺. 我国海洋经济统计发展历程 [J]. 海洋经济,2011(1):6-11.

[2] 姜旭朝,毕毓洵. 中国海洋产业体系经济核算的演变 [J]. 东岳论丛,2009(2):51-56.

[3] 姜旭朝,张继华. 中国海洋经济历史研究:近三十年学术史回顾与评价 [J]. 中国海洋大学学报(社会科学版),2012(5):1-8.

[4] 李刚. 青岛市海洋文化产业的统计与探析 [J]. 中国统计,2013(8):41-42.

[5] 张开城. 广东海洋文化的战略思考和建议 [J]. 战略决策研究,2010(4):69-73.

[6] 张开城. 中华海洋文化特质及其现代价值 [J]. 中国海洋社会学研究,2013(1):33-40.

[7] 张开城. 海洋文化和海洋文化产业研究述论 [J]. 全国商情(理论研究),2010(16):3-4.

[8] 张开城. 粤浙两省海洋文化资源开发利用的思考 [J]. 特区经济,2011(4):272-274.

[9] 王颖. 山东海洋文化产业研究 [D]. 山东大学博士学位论文,2010.

[10] 王颖,阳立军. 舟山群岛海洋文化产业集群形成机理与发展模式研究 [J]. 人文地理,2012(6):67-70.

[11] 李涛. 基于科技与文化融合的海洋文化产业研究 [J]. 文化艺术研究,2014(2):8-13.

[12] 刘堃. 海洋经济与海洋文化关系探讨——兼论我国海洋文化产业发展 [J]. 中国海洋大学学报(社会科学版),2011(6):32-35.

[13] 陈涛. 海洋文化及其特征的识别与考辨 [J]. 社会学评论,2013(5):81-89.

[14] 王丹. 我国文化产业政策及其体系构建研究 [D]. 东北师范大学博士学位论文,2013.

[15] 杨吉华. 文化产业政策研究 [D]. 中共中央党校博士学位论文,2007.

[16] 国际统计信息中心课题组. 国外关于文化产业统计的界定 [J]. 中国统计,2004(1):54-56.

[17] 林香红,高健,何广顺,等. 英国海洋经济与海洋政策研究 [J]. 海洋开发与管理,2014(11):110-114.

[18] 林香红. 澳大利亚海洋产业现状和特点及统计中存在的问题 [J]. 海洋经济,2011(3):57-62.

[19] 世界海洋经济发展战略研究课题组. 主要沿海国家海洋经济发展比较研究 [J]. 统计研究,2007(9):43-47.

[20] 陈恳. 我国文化产业统计问题研究 [J]. 广东技术师范学院学报,2010(4):24-27,138.

[21] 博赫. 文化产业统计中存在的问题及其改进 [J]. 统计与决策,2008(4):17-19.

[22] 赵锐. 我国海洋经济统计存在的问题及完善途径分析 [J]. 中国统计,2013(2):48-50.

[23] 李强. 做好新形势下文化产业统计工作的思考 [J]. 中国统计,2012(4):4-5.

[24] 刘开云. 文化价值的实现与文化创意产业统计测算 [J]. 求索,2012(5):

176-178.

[25] 马仁锋,梁贤军. 西方文化创意产业认知研究 [J]. 天府新论,2014(4):58-64

[26] 马仁锋,沈玉芳,姜炎鹏. 我国创意产业研究的进展与问题:基于城市与区域发展视角 [J]. 中国区域经济,2009,1(3):31-42.

第三章
海洋文化产业分类与统计的理论

海洋文化产业由于起步发展较晚，国内暂时没有明确的公认的统计指标和体系。加强海洋文化产业的宏观管理，需要加强海洋文化产业的研究。迫在眉睫的问题是加强海洋文化产业统计工作。因此，有必要对我国海洋文化产业统计历史沿革进行梳理，同时掌握海洋文化统计工作的现状。

一、海洋文化产业的相关概念

（一）"海洋文化"的概念及特征

1. 文化

"文化"的概念在《辞海》中有两种解释。从广义上解释为"人类社会历史实践过程中所创造的物质财富和精神财富的总和"。从这个意义上来说，文化就是人化、就是人的本质力量的对象化。与天然的、本然的事物和现象相区别的人类意志行为及其结果就是文化。野生的禾苗非为文化，经过人工栽培出来的麦、稻、黍、稷等则为文化；天然的燧石非为文化，而经过原始人打制成的石刀、石斧、石锄则为文化；天空的雷鸣电闪非为文化，而原始人把它们想为人格化的神灵则为文化，等等。可见，文化原是人类创造的东西，而不是自然存在的事物。从狭义上来说，"指社会的意识形态，以及与之相适应的制度和组织机构"。这种定义被多数人所认可，具体包括哲学、科学技术、教育、卫生、体育、人口素质、社会心理、价值观念、出版、广播、电视、文学、艺术、宗教在内的活动领域和形式。由于广义的文化过于宽泛，不利于我们研究的操作性，因此，我们要建立的统计指标体系,应采用狭义的文化含义。在日常生活中,人们常常把狭义的文化理解为娱乐及其活动,而在政府的文化部门和统计部门中,把文化理解为文化服务事业即出版、报刊、广播、电视、图书馆、博物馆、俱乐部等。这些文化门类是我们研究的重点内容。我国文化伴随着社会主义经济的进步已有了很大的发展。但文化的发展远没有跟上社会经济变革的步伐。一方面是国家层面重视不够,投资少。另一方面是缺乏文化发展战略的总体考虑和具体规划的研究,自发性和盲目性较大。目前,我国经济体制改革对文化的发展提出了更迫切的要求,也为我国文化繁荣带来了难得的契机。文化的分类有很多标准,可以分为物质文化和精神文化、高尚文化和低俗文化、传统文化和新兴文化、社会文化和组织文化等等。如果按照地域标准来划分,就有大陆文化和海洋文化之分。

2. 海洋文化

国内外学者普遍认为,有关海洋文化的起源可以追溯到旧石器时代。有关旧石器时代的年代,学界并无定说,一般指数百万年前至距今一万年期间。据考古者的研究,人类早于数十万年前旧石器时代的初期阶段,就已经向海洋文化踏出了第一步。法国著名的考古学家波特(F. Bordes)在其名著《旧石器时代》中曾指出:在欧洲西班牙一带出土大量的阿舍利(Acheulean)手斧石器工业的制品,这些西班牙手斧石器与非洲地区同期的手斧工艺十分相似,两者之间的相似性不可能只是偶然的雷同,估计阿舍利期人类已能掌握渡海技能,自北非横渡直布罗陀海峡进入南欧。如果波特推测无误的话,说明最迟在直立猿人阶段,人类已揭开了海洋上活动最艰辛的序幕。至于人类从什么时代开始首次开发海洋蛋白质资源的问题,20世纪90年代的考古发现也有了突破性进展。日本考古学家加藤晋平指出,远在中期旧石器时代,南非地区马期洞穴堆积中,就发现了不少礁岩性的贝壳化石,年代测定为距今13万年,可能是世界上最早的贝丘遗址。晚期旧石器时代(约距今4万至1万年前),在人类历史发展上出现了革命性变化,人类对于海洋资源的开发利用也明显增加。美国考古学家L. G. Straus等在法国南部至西班牙晚期旧石器时代的遗址发掘中,发现西班牙晚期旧石器时代遗址中16000年前的堆积中就包含较多的动物化石,而14000年前以来则海洋贝类的化石明显增长,并且其他海洋蛋白质资源如鱼骨化石均有出土。日本加藤晋平教授指出,晚期旧石器时代人类开发利用海洋蛋白质资源是不可置疑的事实。在旧石器时代晚期的某一阶段,从采集贝类体积越变越小的倾向,可以看出采集集压现象业已出现。由此可见,人类在旧石器时代早期就已经掌握了航海技术,旧石器中期就已开始开发海洋蛋白质资源,到旧石器晚期这类活动更趋活跃。

中国旧石器时代人类在海洋中的活动目前所知资料仍然有限,主要以周口店山顶洞出土的贝壳及鱼骨化石最引人关注。据"中国旧石器之父"裴文中教授的研究,周口店山顶洞洞穴西部层出土三件穿孔海贝;此后又有学者在山顶堆积洞内发现鱼类脊椎化石及穿孔的鱼骨,且这些贝壳及鱼类在中国东部沿海有广泛分布。周口店山顶洞的年代推测为距今 20000～10000 年前,说明中国海洋文化最迟在旧石器晚期时代已经开始。近几十年来中国对与新石器时代文化有关的研究表明,在距今 6500 年前或更早的阶段,北起辽东半岛,南至广东、海南岛沿岸一带,都存在过史前人类频繁接触海洋的活动。其中位于山东半岛的大汶口文化与龙山文化(一个文化体系的早晚两个阶段),东南沿海的河姆渡文化、环珠江口地区的大湾文化都是典型的代表。

海洋文化作为近年来新兴的研究领域,很多学者对其进行定义,但到目前为止,关于海洋文化的定义和范畴,尚不存在一个公认的说法。徐杰舜(1997)在《海洋文化理论构架简论》一文中写道:"人类社会历史实践过程中受海洋的影响所创造的物质财富和精神财富的总和就是海洋文化。作为主体的人类和作为客体的海洋的统一就是海洋文化的本质或实质。"林彦举(1997)认为:"滨海地域的劳动人民和知识分子世世代代在沿海地区生活,他们对内交流、对外交往,依傍海洋从事政治、经济、文化活动,创造了丰富的物质财富和精神财富,并在斗争实践中逐步孕育、构筑、形成具有海洋特性的思想道德、民族精神、教育科技和文化艺术,总而言之,就是海洋文化。"

中国海洋文化研究先驱曲金良(2003)则将海洋文化定义为"和海洋有关的文化,缘于海洋而生成文化,也即人类对海洋本身的认识、利用和因有海洋而创造出的精神的、行为的、社会的和物质的文明生活内涵。海洋文化的本质,就是人类与海洋的互动关系及其产物"。

虽然学术界对于海洋文化的界定有着不尽相同的说法,但在一些基本观点上还是形成了一定的共识,那就是人类与海洋之间的联系是海洋文化所强调的主体。海洋对人类施加影响,而人类又征服海洋,进而创造出新的文化价值。

因此,在海洋文化的概念中,海洋和人类是密不可分的两个整体。基于海洋文化的内涵,我们认为海洋文化是人海互动及其产物和结果,是人类文化中具有涉海性的部分。有别于大陆文化,海洋文化有着独特内涵,这些内涵具体可以通过海洋文化的特征表现出来:

(1)海洋文化具有开放包容的特征。作为海洋文化发源的根本,海洋本身的浩瀚无边造就了海洋文化天生带有开放和包容的特性。而海上贸易的发展更直接地将海洋文化的开放性上升到了推动社会发展的高度。所以,针对海洋文化而言,开放的程度越高,其发展速度就越快。

(2)海洋文化具有开拓创新的特征。从古至今,海洋一直是人类探索的目标。而人们探索海洋的过程从本质上讲就是创造海洋文化的过程,人们在面对浩瀚海洋所带来的未知恐惧时所表现出的勇气、信念也成为海洋文化的一部分。因此"开拓"这一特征从海洋文化形成之始就成为其本质。海洋文化不仅培养了人类征服海洋的能力,也培育了人们为探索海洋不断创新、不断进步的创造力,从这点上看"创新"也就成了海洋文化的特征之一。

(3)海洋文化具有重商的特征。海洋文化兴起的重要原因之一是以创造经济利益为主要目的,从而进行海洋的探索和开发。许多开发、探索海洋的活动,例如海上交通、海上贸易、海洋资源开采等都是因为商业目的而开始的,这些活动不但象征了海洋文化的发展程度,也带来了丰富的物质财富,形成了财富的原始积累。西方的海洋文化也在地理大发现时代攀升到了顶点,其在美洲、非洲所掠夺的大量财富也成为资本主义发展的重要资本。值得注意的是,与海洋文明相对应的陆地文明却有着非常明显的重农色彩。因此,海洋文化的重商性也成了区别于陆地文明的重要特征之一。

(二)"海洋文化产业"的概念研究综述

1. 海洋产业

海洋产业与海洋经济这一组概念在中国出现于 20 世纪 80 年代初期,90 年代开始流行。国外关于海洋经济或者海洋产业的范畴至今还没有一个普遍认同的标准。不同的国家海洋产业和海洋经济的范畴不同,较多见的是对海洋产业的规定。如美国和澳大利亚的海洋产业(Marine Industry)、英国的海洋关联产业(Marine-related Activity)、加拿大的海洋产业(Marine and Ocean Industry)以及欧洲的海洋产业(Maritime Industry)等(表 3-1)。海洋经济这个概念只是在少数涉海经济研究中有所发现,如美国的全国海洋经济研究将美国的涉海经济划分为海岸带经济(Coastal Economy)和海洋经济(Ocean Economy)两大类;而海洋经济由全部或部分投入来自于海洋资源的经济活动组成。

2. 文化产业

表 3-1　海洋产业内涵与统计范畴的典型界定

国家或地区	统计路径	优缺点	文献出处
英国	依据英国《产业活动标准产业代码》,该调查所包含的海洋关联产业类型包括9类,即海洋渔业、海洋矿产、海洋制造、海洋工程建筑、海洋运输与通讯、商业服务与保险、海洋管理、海洋教育与科学研究及其他服务业	其范围基本涵盖现有的海洋产业类型,并将海事保险与金融、海洋污染防治和海军等涵盖在内	David Pugh and Leonard Skinner. A New Analysis of Marine-Related Activities in the UK Economy with Supporting Science and Technology. IACMST Information Document No. 10, 2002
加拿大	海洋技术及相关产业(包括海洋通讯与电子产业、海洋技术与机械制造、水产养殖技术、海洋服务、海洋工程建筑和油气勘查与开发)、船舶制造业(含船舶修理与相关服务产业)、海洋资源开发与海洋运输业(海洋捕捞、海水养殖、海产品加工、海洋油气生产、海洋运输、港口服务)和公共服务业(港口管理、国防与安全、海洋科学研究、破冰、船舶导航、规制与授权、海洋环境)	对海洋产业的数据分析基于软硬件数据统计。在产业层次上,硬数据包括造船业、水产养殖、主要捕捞、沿海石油和天然气勘探开发和建设、海洋工程、水上运输和政府服务。加拿大统计局公布了这些行业的汇总数据。关于海洋服务的数据则包括海洋工程、海洋结构和海洋培训等等。基于分类结构和加拿大统计局的报告系统,这些产业具有相当多的非海洋和海洋组成部分,属于软数据。同样的,海洋机械和设备的数据也属于软数据。由海洋渔业部门提供的这些产业的预算在本书中已经加以利用了。为了提高信息库的水平,在这一行业所作的调查以及与加拿大公司的访谈基础上,需要作更进一步研究	Kenneth White. Economic Study of Canada's Marine and Ocean Industries. Industry Canada and National Research Council Canada, 2001.

续表

国家或地区	统计路径	优缺点	文献出处
澳大利亚	海洋资源开发产业(海洋油气、海洋渔业、海洋药物、海水养殖和海底矿产)、海洋系统设计与建造(船舶设计/建造与修理、近海工程、海岸带工程)、海洋运营与航行(海洋运输、漂浮或固定海洋设施的安装、潜水作业、疏浚和废物处理)和海洋仪器与服务(机械制造、电讯、航行设备、海洋研发与环境监测、教育与培训)	很多产业的分部门未包含在后来由联邦工业、科学和旅游署制定的海洋产业行动日程中:很多高科技、高附加值的新兴海洋产业并未纳入统计的范畴等	AMISC, Marine Industry Development Strategy, ustralianMarine Industries and Sciences Council, 1997
美国	2003 年 Colgan 等依据美国《国民经济统计标准产业代码》将美国的海洋产业划分为 7 大类,即海洋工程建筑、海洋生物资源(海洋捕捞、海产品养殖、海产品加工等)、海洋矿产(石灰石、沙、砾石、油气钻探和油气生产等)、海洋娱乐与旅游(海洋娱乐、动物园和水族馆、游艇运营、餐饮食宿、娱乐公园和营地、运动产品等)、海上运输业(货物运输、海洋客运、海洋运输服务、搜索和航行设备、仓储等)、船舶制造与修理业及其他海洋产业活动(包括各级政府的海洋管理、滨海不动产和海洋研究与教育等)	强调对接美国经济普查局和劳工统计署的标准产业代码,但是易造成部分海洋经济活动无法被纳入海洋产业统计之中	Colgan C S, Adkins J. Hurricane Damage to the U. S. Ocean Economy in 2005[R]. Monthly Labor Review, 2006

关于"文化产业(Cultural Industries)",国内外学术界和各国政府因其关注的侧重点各不相同,以至于采用的术语都存在差异。早在 20 世纪七八十年代,随着联合国教科文组织"文化统计框架范畴"的出炉,西方部分学者就开始

关注文化产业的发展。以 Scott 为首的学者认为文化产业的地理集中必须靠近文化消费者、同行的竞争者、中介机构集中的创意环境，因此，现代文化产业的主要部分集中在像洛杉矶、纽约、巴黎这样的国际化城市。文化产业在不同国家和地区的称谓各不相同，如创意产业、内容产业、版权产业、数字产业等。目前出现较频繁的词是"创意产业"，在我国许多地方都把文化产业改成了文化创意产业。文化产业与创意产业究竟是什么关系，是否一致？合在一起讲有无不妥？它们所产生的时代背景及其内涵与外延有何不同？各国家、地区文化产业在分类体系上到底有哪些差异？我国文化产业的运行模式是否符合我国国情？分类标准是否科学规范？如何合理借鉴国外的经验，制定适合我国国情的分类标准？这些都直接关系我国文化产业的发展走向。比较全球主要国家和地区对文化产业的统计范畴，如中国、北美、澳大利亚、英国、中国香港、中国台湾以及北京市的文化（创意）产业分类标准，发现中外文化产业分类的不同之处主要体现在新闻、计算机与网络、运动与休闲、设计、广告与会展、文化服务等方面的归属与亚类口径。① 各分类体系中，只有中国把新闻服务作为一个独立的大类，英国把新闻通讯社活动作为出版业的一个子类，中国台湾同样把新闻出版作为出版业的一个子类，北美、中国香港和澳大利亚则没有把新闻业归为文化产业；② 在软件、网络及计算机服务方面，北美行业分类系统中只包含网络信息服务与数据处理段业务等与信息产业紧密联系的内容；英国创意产业分类标准中只包含计算机媒体的再生产、软件顾问及提供两个小类，中国香港、中国台湾和北京市在这方面包含的内容各不相同，其中软件服务方面，中国台湾的分类标准表现比较具体，比如游戏设计、数字娱乐等；在北京市创意产业分类标准，软件、网络及计算机服务大类包括基础软件服务、应用软件服务、其他软件服务、其他电信服务、计算机系统服务、其他计算机服务等小类；③ 在娱乐休闲中，英国比较注重其中的"创意"概念，在中国香港创意产业分类中只有数码娱乐行业比较接近休闲、娱乐产业；中国台湾创意产业分类中则不包含该类；④在运动和体育方面，各分类体系中只有北美 NAICS 的 71 大类和澳大利亚文化与休闲产业分类中有所涉及，其中休闲运动和观赏体育占了比较高的比例，如北美的赛马和观赏体育，澳大利亚的赛马、赛狗以及休闲体育，英国、中国香港、中国台湾以及北京市的创意产业分类体系中都没有涵盖运动和体育方面的内容；⑤ 英国、中国香港、中国台湾以及北京市的创意产业分类体系中都包含设计,英国主要强调了服装设计;中国香港主要突出的是设计服务,所涵盖的内容比较广泛;中国台湾把设计和时尚设计作为两个相互独立的行业;而澳大利亚则把设计艺术放在了突出的位置;北京市文化创意产业包含了设计服务;在北美产业分类系统中,设计属于 45 大类;⑥ 大部分国家或地区的文化产业分类体系中都包含广告业,我国文化及相关行业和北京市的文化创意产业分类体系中还包含会展业,在北美产业分类系统中,广告属于专业、科学技术服务行业;澳大利亚文化与休闲产业分类中不包含广告及会展业;⑦ 在文物及文化保护方面,各国家地区在分类体系中都有所提及。我国比较关注其社会属性,而国外还关注其自然属性(李波等,2010)。

3. 海洋文化产业

海洋文化产业由于受到海洋资源约束,往往集聚于文化资源丰富的沿海及岛屿,其发展规律与一般文化产业相比具有其独特性。国内海洋文化产业最近几年才引起各界普遍关注,相应的研究尚处于起步阶段。

对于海洋文化产业的概念,目前学术界还无统一定论,海洋文化产业作为文化产业的一部分,必然包含文化产业的统一属性。理论上,国外还没有"海洋文化产业"这一概念。我国对海洋文化产业的研究方兴未艾,对海洋文化产业内涵的界定尚未确定。一般以文化产业定义为基础来定义海洋文化产业。张开城(2008)指出海洋文化产业是指从事涉海文化产品生产和涉海文化服务的行业,突出了海洋文化产品的涉海性,从定义可以看出,他强调的是文化产业的工业规模性和经营性(追求经济利益),而非任何文化发展考虑的策略。也有学者从海洋文化资源利用角度来定义海洋文化产业,邹桂斌(2007)认为海洋文化产业是指把人们在开发和利用海洋资源的过程中所形成的人文资源或者说具有海洋特色的"人化"资源市场化。海洋文化产业由"海洋文化"和"产业"两个社会科学范畴相交叉组成。从内涵上看,海洋文化产业具有海洋文化特色,要以各类海洋文化资源为基础,同时,海洋文化产品必须是经过商业运作的海洋文化艺术作品和服务,其运作主体是投资家、企业家,海洋文化产业是以营利为目的的市场化行为。正是基于如上考虑,我们认为:海洋文化产业是指以海洋文化资源为基础,以市场运作为主,结合创意手段转化为大众所需求的涉海文化产品和文化服务的新兴文化产业。

对于海洋文化产业的外延,目前国内学者基本沿用张开城的文化产业集群分类法,将海洋文化产业具体分为滨海旅游业、涉海休闲渔业、涉海休闲体育业、涉海庆典会展业、涉海历史文化和民俗文化业、涉海工艺品业、涉海对策研究与新闻业、涉海艺术业等9种行业。从中可以看出,海洋文化产业是与海洋相关的旅游、体育、民俗、历史、文艺等产业领域,属于文化产业的特殊组成部分。从海洋文化产业的构成结构来看,结合国家统计局的《文化及相关产业分类》(国统字〔2004〕24号),可以将海洋文化产业的构成状况分为以下几部分:核心层、外围层、相关层,核心层包括涉海新闻出版业、涉海影视业、涉海艺术业,外围层包括滨海旅游业、休闲渔业、涉海休闲体育业、涉海庆典会展业、涉海历史文化和民俗文化业,相关层包括涉海工艺品业和相关文化用品和设备的生产和销售(图3-1)。

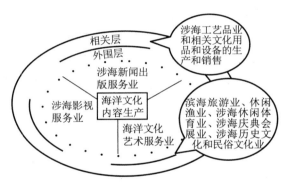

图3-1 海洋文化产业的圈层结构

(三)本书海洋文化产业的特征、内涵与行业构成

1. 海洋文化产业的基本特征

(1)涉海文化资源是形成海洋文化产业的源泉。文化是文化产业的灵魂,富含海洋特色的涉海文化资源是海洋文化产业得以形成和发展的核心依托。文化,本身带有很强的地域性、历史性和民族性,涉海文化资源是沿海居民长期靠海生活的遗迹和结晶,在漫长的历史发展过程中积累了丰富灿烂的海洋物质文化与非物质文化遗产。它不仅与人类的海洋经济生产活动密不可分,也是构成海洋自然环境的内容和实现海洋特色文化开发、利用的基础。丰富的涉海文化资源为海洋文化产品开发提供了潜在的可能。

(2)文化创意是促进海洋文化产业持续发展的动力。文化产业强调文化的基础性作用,但这种文化并不是对前人文化的简单拼凑、粗糙加工,而是强调对文化资源的创造性再生产,是基于原有文化形成新的创意。文化创意是整个海洋文化产业链的起点,整个海洋文化产业就是对海洋创意产品和服务进行生产、再生产、存储和分销。从某种意义上可以说创意是海洋文化产业链得以形成、维持、扩展的基础,创意支撑着整个海洋文化产业的发展。

（3）海洋文化产业具有范围经济性。如同文化产业一样,海洋文化产业具有范围经济性,同一个文化符号如果能通过书籍、玩具、游戏、电影等不同的传播媒介介入其中,那么创意的固定成本将会得到有效的分摊,文化符号的经济价值也会得到最大限度的发挥。从国内外文化产业发展的成功案例中不难发现,充分发挥文化产业的范围经济性,积极拓宽和延伸文化产业链是决定创意能否赢利和实现经济价值程度的决定性因素。

（4）海洋文化产业与其他传统海洋产业具有融合性。海洋文化产业与海洋经济的其他产业的产业关联度大,可在一定程度上带动其他产业的发展,如制造业和服务业,促进新型的产业形态与传统的产业形态相互渗透、相互融合。海洋文化会突破海洋文化产业的限制而作用于传统海洋产业,成为传统海洋产业快速发展和实现结构调整的重要驱动因素之一。

2. 海洋文化产业的内涵

从内涵上看,海洋文化产业,首先具有海洋文化特色,是以各类涉海文化资源为基础;其次,海洋文化产品必须是经过商业运作的海洋文化艺术作品和服务,其运作主体是投资家、企业家,海洋文化产业是以营利为目的的市场化行为。通过以上对文化产业的理解,海洋文化产业应该是从事海洋文化产品生产销售并提供文化服务的经营性行业。具体含义如下。① 从性质上来说,生产销售海洋文化产品、提供海洋文化服务的经营性行业就是海洋文化产业,其目的是创造经济价值。② 从产业过程来说,海洋文化产业是按照产业化的方式和手段经营文化,并将海洋文化产品的生产和分配纳入到产业运行的轨道中。③ 就产业功能来说,满足消费者及市场的精神需求是海洋文化产业的主要功能。海洋文化和产业化两大要素构成了本书所研究的海洋文化产业,其中海洋文化是基础,产业化是结果,它们分别决定了产业发展的根本动力和经济构成。因此,综合海洋文化产业的研究,本书认为海洋文化产业是指以海洋文化资源为基础,以市场运作为主,结合创意手段转化为大众所需求的涉海文化产品和文化服务的新兴文化产业。

3. 海洋文化产业的构成划分

从海洋文化产业的外延来分析,目前国内学者基本沿用张开城的文化产业集群分类法,将海洋文化产业具体分为滨海旅游业(滨海城市游、渔村游、海岛游、海上游)、涉海休闲渔业(观光渔业、体验渔业、观赏性专门养殖)、涉海休闲体育业(水上项目、水下项目、沙滩项目)、涉海庆典会展业(海洋文化节、珍珠文化节、博览会、旅游文化节、开渔节等)、涉海历史文化和民俗文化业(饮食起居、服饰、传统节日、婚俗、信仰的产业化开发)、涉海工艺品业(珊瑚、贝类、珍珠工艺品)、涉海对策研究与新闻业(广播电视、书报刊、网络、咨询服务)、涉海艺术业(文学、艺术、音乐、戏剧曲艺、电影电视剧)等门类。从中可以看出,海洋文化产业是与海洋相关的旅游、体育、民俗、历史、文艺等产业领域,属于文化产业的特殊组成部分。本书结合国家统计局的《文化及相关产业分类》(国统字〔2004〕24号)的界定,认为可以将海洋文化产业划分为以下几部分:

(1)涉海民俗文化业。涉海民俗文化业是利用我国海洋历史文化和民俗文化的丰富资源,所开发利用形成的产业领域。我国有丰富的非物质海洋文化遗产,比如渔歌、渔号子、渔风渔俗、盐文化、海洋信仰、海岛文化、民间风俗等,形成民间海洋节庆妈祖诞、广州南海神庙菠萝诞、浙江象山的祭海等各种海洋民俗活动,为发展涉海民俗文化业提供了丰富的资源。连云港的花果山、厦门的鼓浪屿、威海的刘公岛、莆田的湄洲岛、蓬莱的海市蜃楼、湛江的人龙舞、深圳沙头角鱼灯舞等,都因充满历史文化故事或民间传说,而形成富有地方特色的传统喜庆节日、饮食起居、服饰、婚俗、信仰的产业化开发等相关产业。

(2)涉海艺术业。涉海艺术业是长期与海为伴,从事海洋生产和实践的人们所创造出来的宝贵的精神财富,是海洋文化的表现形式之一。涉海艺术业具体分为涉海创造艺术业和涉海表演艺术业,涉海艺术业主要是与海洋有关,注入了作者创造性思维所形成的人们精神文化作品的行业,如与海洋有关的故事、神话、诗歌、散文、著作等活动;涉海表演艺术业就是表达海洋、歌颂海洋、传播海洋文化为主要内容的音乐、舞蹈、影视作品、话剧等艺术形式和艺术产品。总之,涉海艺术业就是将海洋艺术进行产业化的运作,生产出既具有审美价值又具有经济价值的海洋艺术产品。

（3）涉海信息传播业。随着我国海洋产业的迅速发展，会面临许多新问题、新挑战，有关海洋战略、海洋国际关系、海洋资源的开发利用、海洋法与渔业法等相关研究需求会日益扩大，为涉海对策研究提供了广阔发展空间。海洋产业的发展需要媒体保驾护航，人们对南海、钓鱼岛等海洋权益问题的日益关注，也迫切需要涉海信息传播业快速发展。2011年12月，由国家海洋局、海军政治部联合摄制的八集大型海洋文化纪录片《走向海洋》，在中央电视台一经播出就产生很大反响，反映了公众对涉海新闻的巨大消费需求。

（4）涉海工艺品业。涉海工艺品业是日趋活跃的领域。2010年上海世博会期间，吉祥物"海宝"、中国馆模型、纪念币等工艺品供不应求，创造了可观的经济效益。涉海工艺品除了人造卡通形象工艺品之外，还有贝雕、珍珠饰品、海洋生物模型、标本、螺钿、珊瑚摆件、手链、手机挂件等。不仅可以丰富人们的日常生活，还可以创造就业机会，发展潜力巨大。

（5）海洋旅游业。根据旅游产业的理论，我们可以将海洋旅游产业定义为：为了满足人们高层次的精神和物质需求，通过对海洋旅游产业资源的开发，为旅游者提供产品和服务，从而获得经济效益和社会效益的综合性产业。海洋旅游产业与一般的旅游产业不同，它是以独特的海洋文化旅游产业资源为核心，海洋文化的内涵是产业的资源特征，也是产业的基础和动力。海洋旅游产业不仅对其他海洋文化产业具有明显的带动作用，还能推动饮食、商业、交通、住宿业等相关配套产业的发展，可以增加就业机会和经济收入，因此在整个海洋文化产业和整个经济社会中占有举足轻重的地位。

（6）海洋休闲体育业。海洋休闲体育业是文化产业与海洋休闲活动、海上体育活动相结合的产业类型，既可以满足消费者疗养、度假、娱乐的愉悦享受，也可以使消费者感受到体育运动的刺激性和挑战性。涉海休闲体育业将人们的活动空间扩展到无垠的海面上，充分利用海洋资源开发了多种多样的活动形式，带给消费者以更为丰富多彩的感官体验，这也是涉海休闲体育业特有的魅力。涉海休闲体育业在一些经济发达的沿海国家和地区已经逐渐崛起。在我国，涉海休闲体育业也因其自然、健康、时尚的特征成为热门产业，表现出较大的发展潜力。

（7）海洋节庆会展业。海洋节庆会展业包括海洋文化节庆业和海洋文化会展业，是以海洋文化产业为主题，通过举办各种形式的展览和展销以及会议等，以提升海洋文化产业的支持力度，获得更为优质和广泛的资源，具有高收益、无污染以及对相关产业具有极强带动力的特点。涉海庆典会展业是一业兴百业的产业，可以使餐饮、住宿、交通、商业购物等产业受益。在世界许多发达国家，涉海庆典会展业已经形成了比较完备的体系和运作模式。在我国，涉海庆典会展业虽然起步比较晚，但同样因其经济效益高和经济拉动作用大而备受关注，成了海洋文化产业新的增长点。

（8）海洋休闲渔业。海洋休闲渔业是通过资源优化配置，将旅游观光与现代渔业有机结合，实现第一、第三产业的整合与转移，既拓展了渔业空间，又开辟了渔业新领域。我国拥有漫长的海岸线，具有发展涉海休闲渔业的良好条件，同时发展休闲渔业有助于转移渔业劳动力、保护渔业资源、提高渔民收入。其主要经营方式有：生产经营型、休闲垂钓型、海钓型、潜水型、旅游观光型和科普展会型等。涉海休闲渔业是联系传统与现代的休闲娱乐项目，具有一举多得的功能。浙江舟山沈家门夜排档，65家排档屋绵延近1000米，成为舟山一项品牌海洋文化产业项目。对于海洋休闲渔业，只要适当引导、注意环境保护、避免雷同化，就可以继续创造可观的发展前景。

二、构建海洋文化产业统计规范的依据

（一）《文化产业及相关产业分类》（国统字〔2004〕24号）

2003年9月，中国文化部制定下发的《关于支持和促进文化产业发展的若干意见》，将文化产业界定为："从事文化产品生产和提供文化服务的经营性行业。文化产业是与文化事业相对应的概念，两者都是社会主义文化建设的重要组成部分。文化产业是社会生产力发展的必然产物，是随着中国社会主义市场经济的逐步完善和现代生产方式的不断进步而发展起来的新兴产业。"为贯彻落实党的十六大关于文化建设和文化体制改革的要求，改进和完善文化产业统计工作，规范文化及相关产业的口径、范围，国家统计局在与中共中央宣传部及国务院有关部门共同研究的基础上，制定了《文化及相关产业分类》（国统字〔2004〕24号）。国家统计局对"文化及相关产业"的界定是：为社会公众提供

文化娱乐产品和服务的活动,以及与这些活动有关联的活动的集合。所以,中国对文化产业的界定是文化娱乐的集合,区别于国家具有意识形态性的文化事业,并出台了《文化及相关产业分类》。

1. 统计范围

该分类在《国民经济行业分类》(GB/T 4754-2002)的基础上,规定了我国文化及相关产业的范围,适用于统计及政策管理中对文化及相关活动的分类。该分类规定的文化及相关产业是指为社会公众提供文化、娱乐产品和服务的活动,以及与这些活动有关联的活动的集合。文化及相关产业的活动主要包括:① 文化产品制作和销售活动;② 文化传播服务;③ 文化休闲娱乐服务;④ 文化用品生产和销售活动;⑤ 文化设备生产和销售活动;⑥ 相关文化产品制作和销售活动。

2. 分类原则

以党中央、国务院的方针、政策为指导,以党中央、国务院关于文化事业和文化产业的方针政策和改革精神为指导原则;兼顾部门管理和文化活动的自身特性,在满足反映文化体制改革需要的同时,还兼顾了政府部门管理需要,同时考虑了文化活动的自身特点。该分类的主要内容来源于《国民经济行业分类》,它是根据文化活动的特点将行业分类中相关的类别进行重新组合。所以,本分类也是《国民经济行业分类》的派生分类。

3. 分类方法

依据分类原则,该分类将文化及相关产业划分为四层。第一层按照文化活动的重要性分为文化服务和相关文化服务两大部分,分别用第一部分、第二部分表示。第二层根据部门管理需要和文化活动的特点分为 9 个大类,用汉字数字一、二……表示。第三层依照产业链和上下层分类的关系分为 24 个中类,用阿拉伯数字表示。第四层共有 80 个小类,它是第三层所包括的行业类别层,也是文化及相关产业的具体活动类别。该层不设顺序号,在右侧设置代码,为对应的"国民经济行业代码"。

为了科学、完整、准确地反映分类的文化活动,该分类对部分内容作了特殊处理:① 在第三层部分中类下设置了过渡层,共有 7 个类别,用带括弧的阿拉伯数字表示;② 在第四层部分小类(行业类别)下设置了延伸层,共 38 个类别。延伸层不设代码和顺序号,在相应的类别前用横线"—"表示;③ 第四层有部分小类(行业类别)的活动不是纯的文化活动,在相应的类别后用星号"*"表示。

(二)文化产业及相关产业分类(2012)

随着我国文化产业的快速发展,文化产业的外延出现很多新的变化,因此,国家统计局2012年又发布了《文化及相关产业分类2012》,对文化产业指标统计分类体系作了进一步的完善和健全。该分类规定的文化及相关产业是指为社会公众提供文化产品和文化相关产品的生产活动的集合。

1. 修订的背景

党的十七届五中全会提出推动文化产业成为国民经济支柱性产业的战略目标,党的十七届六中全会进一步强调推动文化产业跨越式发展,使之成为新的增长点、经济结构战略性调整的重要支点、转变经济发展方式的重要着力点,对文化产业统计工作提出了新的要求。同时,由于新的《国民经济行业分类》(GB/T 4754-2011)颁布实施,联合国教科文组织《文化统计框架-2009》的发布,文化新业态的不断涌现,有必要对2004年制定的《文化及相关产业分类》进行修订。

2011年9月28日,中宣部、国家统计局在北京召开了文化产业统计研讨会,会议认为,要适应我国文化产业发展的新情况、新变化,总结近年来各地区、各部门统计工作的实践经验,对现行分类进行必要调整,使其更加切合发展需要。根据会议精神,国家统计局开始了《文化及相关产业分类》的修订工作。

2. 修订的主要内容

该次修订在《文化及相关产业分类(国统字〔2004〕24号)》基础上进行,延续原有的分类原则和方法,调整了类别结构,增加了与文化生产活动相关的创意、新业态、软件设计服务等内容和部分行业小类,减少了少量不符合文化及相关产业定义的活动类别。

(1)有关文化及相关产业的定义。2004年制定的分类把文化及相关产业定义为"为社会公众提供文化、娱乐产品和服务的活动,以及与这些活动有关联的活动的集合"。本次修订把文化及相关产业的定义进一步完善为"指为社会公众提供文化产品和文化相关产品的生产活动的集合",并在范围的表述上对文化产品的生产活动(从内涵)和文化相关产品的生产活动(从外延)做出解释。根据这一定义,文化及相关产业包括了四个方面的内容。① 以文化为核心内容,为直接满足人们的精神需要而进行的创作、制造、传播、展示等文化产品(包括货物和服务)的生产活动;② 为实现文化产品生产所必需的辅助生产活动;③ 作为文化产品实物载体或制作(使用、传播、展示)工具的文化用品的生产活动(包括制造和销售);④ 为实现文化产品生产所需专用设备的生产活动(包括制造和销售)。

(2)结构的调整情况。① 2004 年制定的《文化及相关产业分类》第一层分为"文化服务"和"相关文化服务"两部分,2012 年的分类将第一层分为"文化产品的生产"和"文化相关产品的生产"两部分。② 第二层的大类由原来的9 个调整为 10 个。③ 第三层的中类由 24 个修订为 50 个,第四层的小类由 99个修订为 120 个。④ 取消过渡层,在带"*"的小类下设置 29 个延伸层。

(3)增加和减少的内容。增加的内容包括:① 文化创意。包括建筑设计服务(指工程勘察设计中的房屋建筑工程设计、室内装饰设计和风景园林工程专项设计)和专业设计服务(指工业设计、时装设计、包装装潢设计、多媒体设计、动漫及衍生产品设计、饰物装饰设计、美术图案设计、展台设计、模型设计和其他专业设计等服务)。② 文化新业态。包括数字内容服务中的数字动漫制作和游戏设计制作,以及其他电信服务中的增值电信服务(文化部分)。③ 软件设计服务。包括多媒体软件和动漫游戏软件开发。④ 具有文化内涵的特色产品的生产。主要是焰火、鞭炮产品的制造,珠宝首饰及有关物品的制造、销售,陈设艺术陶瓷制品的制造等。⑤ 其他。包括文化艺术培训、图书印制、装订及印刷相关服务、幻灯及投影设备的制造和舞台照明设备的批发等。减少的内容包括旅行社、休闲健身娱乐活动、教学用模型及教具制造、其他文教办公用品制造、其他文化办公用机械制造和彩票活动等。

3. 新旧《文化及相关产业分类》的对照

《文化及相关产业分类》(2004)与《文化及相关产业分类》(2012)有关类别名称及代码的对照如表 3-2 所示。

表 3-2 新旧《文化及相关产业分类》类别名称和代码对照

类别名称(2012)	GB/T 4754-2011 代码	类别名称(2004)	GB/T 4754-2002 代码	简要说明
第一部分 文化产品的生产				

类别名称（2012）	GB/T 4754- 2011 代码	类别名称（2004）	GB/T 4754- 2002 代码	简要说明
一、新闻出版发行 服务				
（一）新闻服务				
新闻业	8510	新闻业	8810	
（二）出版服务				
图书出版	8521	图书出版	8821	
报纸出版	8522	报纸出版	8822	
期刊出版	8523	期刊出版	8823	
音像制品出版	8524	音像制品出版	8824	
电子出版物出版	8525	电子出版物出版	8825	
其他出版业	8529	其他出版	8829	
（三）发行服务				
图书批发	5143	图书批发	6343	
报刊批发	5144	报刊批发	6344	
音像制品及电子出版物批发	5145	音像制品及电子出版物批发	6345	
图书、报刊零售	5243	图书零售	6543	
		报刊零售	6544	
音像制品及电子出版物零售	5244	音像制品及电子出版物零售	6545	
二、广播电视电影 服务				
（一）广播电视服务				
广播	8610	广播	8910	原8910部分内容调出

类别名称（2012）	GB/T 4754-2011 代码	类别名称（2004）	GB/T 4754-2002 代码	简要说明
电视	8620	电视	8920	原 8920 部分内容调出
（二）电影和影视录音服务				
电影和影视节目制作	8630	电影制作与发行	8931	原 8920、893（一）8940 部分内容调到此类
电影和影视节目发行	8640			
电影放映	8650	电影放映	8932	
录音制作	8660	音像制作	8940	原 8910、8940 的部分内容调到此类
三、文化艺术服务				
（一）文艺创作与表演服务				
文艺创作与表演	8710	文艺创作与表演	9010	
艺术表演场馆	8720	艺术表演场馆	9020	
（二）图书馆与档案馆服务				
图书馆	8731	图书馆	9031	
档案馆	8732	档案馆	9032	
（三）文化遗产保护服务				
文物及非物质文化遗产保护	8740	文物及文化保护	9040	更名
博物馆	8750	博物馆	9050	
烈士陵园、纪念馆	8760	烈士陵园、纪念馆	9060	

类别名称（2012）	GB/T 4754-2011 代码	类别名称（2004）	GB/T 4754-2002 代码	简要说明
（四）群众文化服务				
群众文化活动	8770	群众文化活动	9070	
（五）文化研究和社团服务				
社会人文科学研究	7350	社会人文科学研究	7550	
专业性团体（的服务）*	9421	专业性社会团体 *	9621	更名
（六）文化艺术培训服务				
文化艺术培训	8293			新增行业
其他未列明教育 *	8299			新增行业
（七）其他文化艺术服务				
其他文化艺术业	8790	其他文化艺术	9090	
四、文化信息传输服务				
（一）互联网信息服务				
互联网信息服务	6420	互联网信息服务	6020	原6020部分内容调出
（二）增值电信服务（文化部分）				
其他电信服务 *	6319			新增行业
（三）广播电视传输服务				
有线广播电视传输服务	6321	有线广播电视传输服务	6031	
无线广播电视传输服务	6322	无线广播电视传输服务	6032	

类别名称（2012）	GB/T 4754-2011 代码	类别名称（2004）	GB/T 4754-2002 代码	简要说明
卫星传输服务 *	6330	卫星传输服务 *	6040	
五、文化创意和设计服务				
（一）广告服务				
广告业	7240	广告业	7440	
（二）文化软件服务				
软件开发 *	6510			新增行业
数字内容服务 *	6591			新增行业，原6212部分内容归入此类
（三）建筑设计服务				
工程勘察设计 *	7482			新增行业
（四）专业设计服务				
专业化设计服务	7491	其他专业技术服务 *	7690	新增行业，原7690部分内容调到此类
六、文化休闲娱乐服务				
（一）景区游览服务				
		旅行社	7480	取消行业
公园管理	7851	公园管理	8132	
游览景区管理	7852	风景名胜区管理	8131	
		其他游览景区管理	8139	
野生动物保护 *	7712	野生动植物保护 *	8012	原8012分解
野生植物保护 *	7713			

类别名称(2012)	GB/T 4754- 2011 代码	类别名称(2004)	GB/T 4754- 2002 代码	简要说明
(二)娱乐休闲服务				
歌舞厅娱乐活动	8911	室内娱乐活动	9210	原 9210 分解
电子游艺厅娱乐活动	8912			
网吧活动	8913	其他计算机服务 *	6190	原 6190 部分内容调到此类
其他室内娱乐活动	8919	室内娱乐活动	9210	原 9210 分解
游乐园	8920	游乐园	9220	
		休闲健身娱乐活动	9230	取消行业
其他娱乐业	8990	其他娱乐活动	9290	原 9290 的彩票活动调出
(三)摄影扩印服务				
摄影扩印服务	7492	摄影扩印服务	8280	
七、工艺美术品的生产				
(一)工艺美术品的制造				
雕塑工艺品制造	2431	雕塑工艺品制造	4211	
金属工艺品制造	2432	金属工艺品制造	4212	
漆器工艺品制造	2433	漆器工艺品制造	4213	
花画工艺品制造	2434	花画工艺品制造	4214	
天然植物纤维编织工艺品制造	2435	天然植物纤维编织工艺品制造	4215	
抽纱刺绣工艺品制造	2436	抽纱刺绣工艺品制造	4216	

类别名称（2012）	GB/T 4754-2011 代码	类别名称（2004）	GB/T 4754-2002 代码	简要说明
地毯、挂毯制造	2437	地毯、挂毯制造	4217	
珠宝首饰及有关物品制造	2438	珠宝首饰及有关物品的制造	4218	
其他工艺美术品制造	2439	其他工艺美术品制造	4219	
（二）园林、陈设艺术及其他陶瓷制品的制造				
园林、陈设艺术及其他陶瓷制品制造 *	3079			新增行业
（三）工艺美术品的销售				
首饰、工艺品及收藏品批发	5146	首饰、工艺品及收藏品批发	6346	
珠宝首饰零售	5245			新增行业
工艺美术品及收藏品零售	5246	工艺美术品及收藏品零售	6547	
第二部分 文化相关产品的生产				
八、文化产品生产的辅助生产				
（一）版权服务				
知识产权服务 *	7250	知识产权服务 *	7450	
（二）印刷复制服务				
书、报刊印刷	2311	书、报、刊印刷	2311	
本册印制	2312			新增行业
包装装潢及其他印刷	2319	包装装潢及其他印刷 *	2319	取消"*"

类别名称（2012）	GB/T 4754-2011 代码	类别名称（2004）	GB/T 4754-2002 代码	简要说明
装订及印刷相关服务	2320			新增行业
记录媒介复制	2330	记录媒介的复制 *	2330	取消"*"
（三）文化经纪代理服务				
文化娱乐经纪人	8941	文化艺术经纪代理	9080	原 7499 部分、原 9080 分解
其他文化艺术经纪代理	8949	其他未列明的商务服务 *	7499	原 7499 部分、原 9080 分解
（四）文化贸易代理与拍卖服务				
贸易代理 *	5181	贸易经纪与代理 *	6380	原 6380 分解为 518 （一）518 （二）5189
拍卖 *	5182			
（五）文化出租服务				
娱乐及体育设备出租 *	7121			新增行业
图书出租	7122	图书及音像制品出租	7321	原 7321 分解
音像制品出租	7123			
（六）会展服务				
会议及展览服务	7292	会议及展览服务	7491	
（七）其他文化辅助生产				
其他未列明商务服务业 *	7299			原 7499 分解
九、文化用品的生产				

续表

类别名称（2012）	GB/T 4754-2011 代码	类别名称（2004）	GB/T 4754-2002 代码	简要说明
（一）办公用品的制造				
文具制造	2411	文具制造	2411	
笔的制造	2412	笔的制造	2412	
		教学用模型及教具制造	2413	取消行业
墨水、墨汁制造	2414	墨水、墨汁制造	2414	
		其他文化用品制造	2419	取消行业
（二）乐器的制造				
中乐器制造	2421	中乐器制造	2431	
西乐器制造	2422	西乐器制造	2432	
电子乐器制造	2423	电子乐器制造	2433	
其他乐器及零件制造	2429	其他乐器及零件制造	2439	
（三）玩具的制造				
玩具制造	2450	玩具制造	2440	
（四）游艺器材及娱乐用品的制造				
露天游乐场所游乐设备制造	2461	露天游乐场所游乐设备制造	2451	
游艺用品及室内游艺器材制造	2462	游艺用品及室内游艺器材制造	2452	原 2452 分解
其他娱乐用品制造	2469			
（五）视听设备的制造				
电视机制造	3951	家用影视设备制造	4071	原 4071 分解
音响设备制造	3952	家用音响设备制造	4072	更名

类别名称（2012）	GB/T 4754-2011 代码	类别名称（2004）	GB/T 4754-2002 代码	简要说明
影视录放设备制造	3953			原 4071 分解
（六）焰火、鞭炮产品的制造				
焰火、鞭炮产品制造	2672			新增行业
（七）文化用纸的制造				
机制纸及纸板制造 *	2221	机制纸及纸板制造 *	2221	
手工纸制造	2222	手工纸制造 *	2222	取消
（八）文化用油墨颜料的制造				
油墨及类似产品制造	2642			新增行业
颜料制造 *	2643			新增行业
（九）文化用化学品的制造				
信息化学品制造 *	2664	信息化学品制造 *	2665	
（十）其他文化用品的制造				
照明灯具制造 *	3872			新增行业
其他电子设备制造 *	3990			新增行业
（十一）文具乐器照相器材的销售				
文具用品批发	5141	文具用品批发	6341	
文具用品零售	5241	文具用品零售	6541	
乐器零售	5247			原 6549 部分内容调到此处

类别名称（2012）	GB/T 4754-2011 代码	类别名称（2004）	GB/T 4754-2002 代码	简要说明
照相器材零售	5248	照相器材零售	6548	
（十二）文化用家电的销售				
家用电器批发 *	5137	家用电器批发 *	6374	
家用视听设备零售	5271	家用电器零售 *	6571	取消
（十三）其他文化用品的销售				
其他文化用品批发	5149	其他文化用品批发	6349	
其他文化用品零售	5249	其他文化用品零售	6549	原 6549 部分内容调出
十、文化专用设备的生产				
（一）印刷专用设备的制造				
印刷专用设备制造	3542	印刷专用设备制造	3642	
（二）广播电视电影专用设备的制造				
广播电视节目制作及发射设备制造	3931	广播电视节目制作及发射设备制造	4031	
广播电视接收设备及器材制造	3932	广播电视接收设备及器材制造	4032	
应用电视设备及其他广播电视设备制造	3939	应用电视设备及其他广播电视设备制造	4039	
电影机械制造	3471	电影机械制造	4151	
（三）其他文化专用设备的制造				

类别名称（2012）	GB/T 4754-2011 代码	类别名称（2004）	GB/T 4754-2002 代码	简要说明
幻灯及投影设备制造	3472			新增行业
照相机及器材制造	3473	照相机及器材制造	4153	
复印和胶印设备制造	3474	复印和胶印设备制造	4154	
		其他文化、办公用机械制造 *	4159	取消行业
（四）广播电视电影设备的批发				
通讯及广播电视设备批发 *	5178	通讯及广播电视设备批发 *	6376	
（五）舞台照明设备的批发				
电气设备批发 *	5176			新增行业

（三）《海洋及相关产业分类》（GB/T 20794-2006）

《海洋及相关产业分类》将海洋产业定义为开发、利用和保护海洋所进行的生产和服务活动；涵盖直接从海洋中获取产品的生产和服务活动；直接从海洋中获取的产品的一次加工生产和服务活动；直接应用于海洋和海洋开发活动的产品生产和服务活动；利用海水或海洋空间作为生产过程的基本要素所进行的生产和服务活动；海洋科学研究、教育、管理和服务活动。

1. 统计范围

海洋及相关产业分类分为两类三个层次：第一类为海洋产业包括主要海洋产业和海洋科研教育管理服务业。① 主要海洋产业包括海洋渔业、海洋油气业、海洋矿业、海洋盐业、海洋船舶工业、海洋化工业、海洋生物医药业、海洋工程建筑业、海洋电力业、海水利用业、海洋交通运输业、滨海旅游业等，是海洋经济核心层；② 海洋科研教育管理服务业包括海洋信息服务业、海洋环境监测预报服务、海洋保险与社会保障业、海洋科学研究、海洋技术服务、海洋地质勘查业、海洋环境保护业、海洋教育、海洋管理、海洋社会团体与国际组织等，是海洋经济支持层。第二类海洋相关产业,包括海洋农林业、海洋设备制造业、涉海产品及材料制造业、涉海建筑与安装业、海洋批发与零售业、涉海服务业等,是海洋经济外围层。

2. 分类方法

对海洋产业和海洋相关产业采用两种不同的分类方法分别进行分类。对海洋产业主要是按海洋产业活动的性质进行分类,是对开发利用和保护海洋的生产、服务、管理活动进行的分类。对海洋相关产业主要是按海洋产业的关联关系进行分类,是对相关涉海经济活动进行的分类。分类的主要内容来源于《国民经济行业分类》(GB/T 4754-2002),为体现海洋经济与国民经济的内在联系,海洋及相关产业的分类与国家标准《国民经济行业分类》(GB/T 4754-2002)的小类码保持对应关系。同时,根据海洋经济活动的特点,将选取出的国民经济行业分类中的相关类别进行了重新整合,包括门类与大类的调整、结构的调整、分类的扩展与合并等。具体分类方法如下:

根据《国民经济行业分类》对国民经济各行业的分类说明和注释,按照主要海洋产业的分类标准选取符合条件的国民经济行业,并确定主要海洋产业与国民经济行业小类码的对应关系。

从《国民经济行业分类》中选取出为主要海洋产业提供科研、教育、环保、服务和管理服务的行业,构成海洋科研教育和管理服务行业分类。

按照海洋相关产业的分类标准,根据《国民经济行业分类》的分类说明和注释,选取出与各主要海洋产业相关联的行业,并确定海洋相关产业与国民经济行业小类码的对应关系。

将选取出的海洋产业和海洋相关产业进行汇总、排序、查重以及扩展合并等技术处理,采用线分类法和层次编码方法,对海洋及相关产业进行分类编码。主要技术处理方法如下。

(1)门类与大类的调整。根据前面的研究成果,将海洋经济分为海洋产业和海洋相关产业两大部分。其中海洋产业共设 22 个大类,内容涉及国家标准《国民经济行业分类》中的 16 个门类,并按照海洋产业分类进行排列,与《国民经济行业分类》基本保持对应关系。海洋相关产业共设 6 个大类,内容涉及《国民经济行业分类》中的 11 个门类,并按照其中的分类方法进行排列,与其保持完全对应关系。

（2）结构的调整。在海洋产业的分类结构中，为突出海洋经济活动的特色和重点，我们突破了《国民经济行业分类》中部分门类的分类结构，根据海洋资源与经济活动的特性进行了调整组合。如对采矿业的分类，按海洋矿产资源的性质，在采矿业门类下，将海洋石油与天然气开采业和海洋矿业提升为同级的两个大类；将采矿业门类下的海盐开采业与制造业门类下的盐加工业合并为海洋盐业大类。

在海洋相关产业的分类结构中，为保持海洋经济活动的完整性和统一性，根据涉海性和关联性，对《国民经济行业分类》中部分门类的分类结构进行了调整组合。如对涉海服务业的分类，是将《国民经济行业分类》交通运输仓储和邮政业门类中对应的海洋渔港经济服务、滨海公共运输服务，住宿和餐饮业门类中的海洋餐饮服务，金融业门类中的涉海金融服务，居民服务和其他服务业门类中的涉海特色服务等，以及租赁与商务服务业门类中的涉海商务服务，按照其涉海活动的关联性，合并归纳为涉海服务业。

（3）分类的扩展。在新分类标准中对部分类别进行了扩展处理。根据海洋经济活动的特点，将部分海洋产业的分类进行了细化处理，使其保持与《国民经济行业分类》中的小类码为多对一的对应关系，如将海洋工程技术研究细分为海洋化学工程、海洋生物工程、海洋运输工程、海洋能源开发技术、海洋环境工程、河口水利工程技术研究等；另外，还补充了部分具有海洋特色的分类，如海上桥梁、海上机场、海底隧道、海底仓库、海洋遥感等。

（4）分类的合并。新分类标准中对部分类别进行了合并处理。根据海洋相关产业的特点，将部分海洋相关产业的分类进行了合并处理，使其保持与《国民经济行业分类》中的小类码为一对多的对应关系，如将海涂谷物种植、油料种植、豆类种植、棉花种植合并为海涂农作物种植。

3. 分类体系

（1）海洋产业的构成。

① 海洋水产业：海洋渔业、海洋渔业服务、海洋水产品加工；

② 海洋油气业：海洋石油和天然气开采、海洋石油和天然气开采服务；

③ 海洋矿业：海滨砂矿采选和土砂石开采、海底地热和煤矿开采、深海采矿；

④ 海洋船舶工业：海洋船舶制造、海洋固定及浮动装置制造；

⑤ 海洋盐业：海水制盐、海盐加工；

⑥ 海洋化工业：海盐化工、海藻化工、海水化工、海洋石油化工等制造；

⑦ 海洋生物医药业：海洋保健品制造、海洋药品制造；

⑧ 海洋工程业：海上工程、海底工程、海岸工程；

⑨ 海洋电力业：海洋电力生产、海滨电力生产、海洋电力供应；

⑩ 海水淡化与综合利用业：海水淡化、海水直接利用；

⑪ 海洋交通运输业：海洋旅客运输、海洋货物运输、海洋港口运输、海洋管道运输、海洋运输辅助活动；

⑫ 滨海旅游业：滨海旅游住宿、滨海旅游经营服务、滨海旅游与娱乐、滨海旅游文化服务；

⑬ 海洋信息服务业：海洋卫星遥感服务、海洋电信服务、海洋图书馆与档案馆、海洋计算机服务、海洋出版服务等；

⑭ 海洋环境监测服务：海洋环境监测与预报服务、海洋灾害预警预报服务；

⑮ 海洋保险与社会保障业：海洋保险、海洋社会保障；

⑯ 海洋科学研究业：海洋基础科学研究、海洋工程技术研究；

⑰ 海洋技术服务业：海洋专业技术服务、海洋工程技术服务、海洋科技交流与推广服务；

⑱ 海洋地质勘查业：海洋矿产地质勘查、海洋基础地质勘查、海洋地质勘查技术服务；

⑲ 海洋环境保护业：海洋自然环境保护、海洋环境治理、海洋生态恢复；

⑳ 海洋教育：海洋中等教育、海洋高等教育、海洋职业教育；

㉑ 海洋管理：海洋综合管理、海洋安全管理检查、海洋经济管理；

㉒ 海洋社会团体与国际组织：海洋社会团体、海洋国际组织。

（2）海洋相关产业的构成。

① 海洋农林业：海涂农业、海涂林业、海洋农林服务业；

② 海洋设备制造业：海洋渔业专用设备制造、海洋船舶设备及材料制造、海洋石油生产设备制造、海洋矿产设备制造、海盐生产设备制造、海洋化工设备制造、海洋制药设备制造、海洋电力设备制造、海水利用设备制造、海洋交通运输设备制造、滨海旅游娱乐设备制造、海洋环境保护专用仪器设备制造、海洋服

务专用仪器设备制造；

③ 涉海建筑与安装业：涉海建筑与安装；

④ 涉海产品及材料制造业：海洋渔业相关设备制造、海洋石油加工产品制造、海洋化工产品制造、海洋药物原药制造、海洋电力器材制造、海洋工程建筑材料制造、海洋旅游工艺品制造、海洋环境保护材料制造；

⑤ 涉海产品批发与零售业：海洋渔业批发与零售、海洋石油产品批发与零售、海盐批发、海洋化工产品批发、海洋医药保健品批发与零售、滨海旅游产品批发与零售、海水淡化产品批发与零售；

⑥ 涉海服务业：海洋餐饮服务、海洋渔港经营服务、滨海公共运输服务、海洋金融服务、涉海特色服务、涉海商务服务。

（四）《体育及相关产业分类（试行）》（国统字〔2008〕79 号）

1. 编制背景

为贯彻落实《国务院关于加快发展服务业的若干意见》，全面加强社会主义体育建设和深化体育管理体制改革，整合现有统计资源，充分发挥体育、统计部门的体育及相关产业统计优势，建立科学的体育及相关产业统计体系，全面系统地搜集和整理体育及相关产业统计资料，2006 年成立了由国家体育总局、国家统计局等单位联合组成的"中国体育及相关产业统计研究"课题组。在各部门的通力合作下，课题组完成了《体育及相关产业分类（试行）》（国统字〔2008〕79 号）的研制工作，并建议以国家体育总局和国家统计局的名义印发。

《体育及相关产业分类（试行）》的制定，为党中央、国务院推行体育体制改革，界定、规范我国的体育事业和体育产业提供了参考，同时也为课题组下一步开展体育及相关产业统计测算工作和建立、完善体育及相关产业统计制度奠定了基础。这对于科学制定体育产业发展政策，积极培育体育消费市场，促进我国体育产业可持续性发展，具有重要的理论与现实意义。

2. 研制方法

《体育及相关产业分类（试行）》结合国内外体育及相关产业实践界和理论界的经验，从统计工作的角度出发，将体育及相关产业的概念界定为："为社会公众提供体育服务和产品的活动，以及与这些活动有关联的活动的集合。"依据上述概念的界定，体育及相关产业的范围为以下几点：① 专门为社会公众提供比赛、训练、辅导和管理的组织的活动，如群众性体育组织、专项性体育管理组织的活动。② 为社会公众提供观赏比赛和专业训练的体育场馆管理活动,如综合性比赛场馆,训练用场地的管理活动。③ 为社会公众提供的可供参与和选择的各种健身休闲活动场所的管理活动。④ 为社会公众提供的体育中介活动,如各种体育商务代理、经纪、咨询活动。⑤ 为社会公众提供的其他体育服务活动。⑥ 提供体育服务所必须的体育用品、服装、鞋帽及相关体育产品的制造活动。⑦ 提供体育服务所必须的体育用品、服装、鞋帽及相关体育产品的销售活动。⑧ 提供体育服务所必须的体育场馆建筑活动。

《体育及相关产业分类(试行)》以体育管理部门关于体育及相关产业的政策及改革精神为指导,以我国现阶段体育产业发展状况和发展方向为依据,以国民经济行业分类为产业基础,以活动的同质性和体育自身特征为原则,根据其概念和活动范围,将体育及相关产业划分为 3 个层次。体育及相关产业分类总框架分为 8 个大类,并对每个大类再进一步细分为 24 个中类,57 个小类。

3.《体育及相关产业分类(试行)》的特殊处理办法

(1)对体育竞赛表演业的处理。从理论上看,体育产业的核心应当包括"体育竞赛表演业"和"体育健身休闲业"两大部分。从体育主管部门工作需求的角度,"体育竞赛表演业"的统计也居于核心地位。然而,在《体育及相关产业分类(试行)》中,我们只将"体育健身休闲业"单独列出,而"体育竞赛表演业"并未明确为一个独立的分类。这样做的原因在于:① "体育竞赛表演业"尚不具有独立于其他行业分类的现实条件。表现为当前我国从事竞赛表演经营活动的主体尚不明确;从产业活动的范围角度看,体育竞赛表演业的外延非常宽泛,比如很多体育竞赛表演业既包括了体育组织管理活动,又包括了体育场馆管理活动和其他体育服务活动,甚至包括了体育用品设施的制造活动等各种交叉产业活动,从而导致"体育竞赛表演业"难以清晰、独立地划分出来。② 从国际比较的角度看,国外明确划分出"体育竞赛表演业"的统计分类尚未出现,通行的做法都是将其细分为体育组织管理、体育场馆管理和其他体育服务。③ 从我国已经颁布的《国民经济行业分类标准》来看,并未将"体育竞赛表演业"作为一个单独的行业列出。因此,为了能够与国家统计制度相互衔接,确保工作的权威性与数据的可靠性,我们主张将"体育竞赛表演业"进一步细分为能够符合《国民经济行业分类标准》的行业分类。如果在未来实际工作中有对"体育竞赛表演业"进行专项统计的需要,我们仍然能够从当前的分类中挑选出相关的分类进行测算。

（2）关于行业小类的处理。① 延伸层。《体育及相关产业分类（试行）》对第三层划分较粗的行业小类增设了延伸层，其目的是科学、准确、完整地描述这类行业所包括的文化活动。② 含有部分体育活动的行业类别。《国民经济行业分类》是按照活动的同质性原则划分的，但从体育的角度观察，有些行业小类不完全是体育产业活动。如行业小类"专业性团体"，包括由同一领域的成员、专家组成的社会团体的活动，其中体育成员、专家组成的社会团体的活动只是"专业性团体"的一部分，为了在统计和管理中准确区分不属于体育及相关产业的活动，我们在《体育及相关产业分类（试行）》中对这类行业做标记。

4. 体育及相关产业的活动构成

（1）体育组织管理活动；

（2）体育场馆管理活动；

（3）体育健身休闲活动；

（4）体育中介活动；

（5）其他体育活动；

（6）体育用品、服装、鞋帽及相关体育产品的制造；

（7）体育用品、服装、鞋帽及相关体育产品的销售；

（8）体育场馆建筑活动。

5. 分类方法

（1）本分类依据分类原则，将体育及相关产业划分为 3 个层次。

第 1 层分为 8 个大类，主要体现部门管理和体育及相关产业活动的基本特征。该层次每个大类用汉字数字一、二……表示。

第 2 层对每个大类再进一步细分，共分为 24 个中类，主要体现体育及相关产业的产业链及其上下层的关系。该层每个中类用阿拉伯数字（一）2……表示。

第 3 层是《体育及相关产业分类（试行）》的具体活动类别层，共 57 个小类。该小类全部为《国民经济行业分类》中从事体育及相关产业活动的行业类别，也是第 3 层次所包括的行业类别层次，该层次不设置序号，为了与《国民经济行业分类》对应，用相应的行业代码表示这 57 个小类的代码。

（2）本分类中做特殊处理部分的内容。① 延伸层。《体育及相关产业分类（试行）》对第 3 层划分较粗的行业小类增设了延伸层，其目的是科学、准确、完整地描述这类行业所包括的体育活动。延伸层的类别不设代码和顺序号,在类别前用横线"—"表示。

②含有部分体育活动的行业类别。《国民经济行业分类》是按照活动的同质性原则划分的,但从体育的角度观察,有些行业小类不完全是体育及相关产业活动。为了在统计和管理中准确区分不属于体育及相关产业的活动,特在《体育及相关产业分类(试行)》中对这类行业做标记(*)。

6. 体育及相关产业分类(试行)(国统字〔2008〕79号)

表 3-3　体育及相关产业

类别名称	国民经济行业代码
一、体育组织管理活动	
1. 体育行政、事业组织管理活动	
社会事务管理机构 *	9424
—体育社会事务管理机构	
体育组织(指专业从事体育比赛、训练、辅导和管理的组织的活动)	9110
—各种职业体育俱乐部	
—各种运动队	
—各种群众性体育组织	
—各种专项性体育管理组织(如体育协会、中心)	
2. 其他体育组织管理活动	
专业性团体 *	9621
—体育社会团体服务	
其他社会团体 *	9629
—体育基金会	
—其他未列明的体育社会团体	
二、体育场馆管理活动	
1. 体育场馆管理活动	
体育场馆(指可供观赏比赛的场馆和专供运动员训练用场地的管理活动)	9120
—综合体育场	

类别名称	国民经济行业代码
—综合体育馆	
—体育训练基地	
—游泳比赛场馆	
—足、篮、排场馆	
—网球、羽毛球、乒乓球场馆	
—棋牌比赛场馆	
—其他未列明比赛场馆	
三、体育健身休闲活动	
1. 体育健身休闲活动	
休闲健身娱乐活动（指主要面向社会开放的休闲健身娱乐场所和其他体育娱乐场所的管理活动）	9230
—综合性体育娱乐场所（游泳、保龄、球类、健身等一体的综合性健身中心）	
—保龄球馆	
—健身中心（馆）	
—台球室、飞镖室	
—高尔夫球场	
—射击、射箭馆（场）	
—滑沙、滑雪以及模拟滑雪场所的活动	
—惊险娱乐活动场所（跳伞、滑翔、蹦极、攀岩、滑道等）	
—娱乐性军事训练	
—体能训练场所	
—其他未列明的休闲健身娱乐活动	
四、体育中介活动	
1. 体育商务服务	
其他未列明的商务服务 *	
—运动员的个人经纪代理活动	
—体育赛事票务代理活动	7499

类别名称	国民经济行业代码
一运动会筹备、策划、组织活动	
一其他未列明的体育商务服务	
2. 体育经济咨询服务	
社会经济咨询 *	
一体育经济咨询活动	
3. 体育经纪服务	7433
其他体育	
一体育经纪服务	
五、其他体育活动	9190
1. 体育培训服务	
职业技能培训 *	
一武术培训服务	
一其他体育项目培训服务	8491
2. 体育科研服务	
社会人文科学研究与试验发展 *	
一体育科学研究服务	
3. 体育彩票服务	7550
其他娱乐活动 *	
一体育彩票	
4. 体育传媒服务	9290
图书出版 *	
一体育图书出版服务	
期刊出版 *	8821
一体育类杂志出版服务	
音像制作 *	8823
一体育类录音制品制作服务	
一体育类录像制品制作服务	8940
音像制品出版 *	
一体育录音制品出版服务	
一体育录像制品出版服务	8824

类别名称	国民经济行业代码
广播 *	
一体育类广播节目制作服务	
一体育类广播节目播出服务	8910
电视 *	
一体育类电视节目制作服务	
一体育类电视节目播出服务	8920
一体育类电视节目出口服务	
一体育类电视节目进口服务	
5. 体育展览服务	
会议及展览服务 *	
一体育用品展览服务	
6. 体育市场管理服务	7491
市场管理 *	
一体育用品市场管理服务	
7. 体育场馆设计服务	7470
工程勘察设计 *	
一体育馆房屋建筑工程设计服务	
一健身用房屋建筑工程设计服务	7672
一室外体育设施设计服务	
8. 体育场所保洁服务	
其他清洁服务 *	
一体育场所保洁服务	
9. 体育文物及文化保护服务	8329
文物及文化保护 *	
一民族体育运动保护服务	
六、体育用品、服装、鞋帽及相关体育产品的制造	9040
1. 体育用品制造	
球类制造	
体育器材及配件制造	

类别名称	国民经济行业代码
训练健身器材制造	2421
运动防护用具制造	2422
其他体育用品制造	2423
2. 体育服装及鞋帽制造	2424
纺织服装制造 *	2429
—运动类服装	
制帽 *	1810
—各种运动帽制造	
皮鞋制造 *	1830
—皮运动鞋靴	
橡胶鞋制造 *	1921
—布面运动胶鞋	
塑料鞋制造 *	2960
—塑料制运动鞋靴	
3. 相关体育产品制造	3081
游艺用品及室内游艺器材制造 *	
—台球桌及其配套用品	
—保龄球设备及器材	2452
—投镖及投镖板	
—沙壶球桌	
绳、索、缆的制造 *	
—体育项目用网（兜）	
皮箱、包（袋）制造 *	1755
—运动包	
茶饮料及其他软饮料制造 *	1923
—运动用饮料	
武器弹药制造 *	1539
—运动枪	
机械化农业及园艺机具制造 *	3663

类别名称	国民经济行业代码
一运动场地滚压机	
一运动场机动割草机	3672
汽车车身、挂车制造 *	
一高尔夫球机动车	
脚踏自行车及残疾人座车制造 *	3724
一竞赛型自行车	
车辆专用照明及电气信号设备装置制造 *	3741
一足球场、体育场等用的显示器	
七、体育用品、服装、鞋帽及相关体育产品的销售	3991
1. 体育用品、服装、鞋帽及相关产品批发	
体育用品批发	
服装批发 *	
一运动服装批发服务	6342
鞋帽批发 *	6332
一运动休闲鞋帽批发服务	
图书批发 *	6333
一体育类书籍批发服务	
报刊批发 *	6343
一体育类杂志批发服务	
音像制品及电子出版物批发 *	6344
一体育类激光视盘批发服务	
一体育类录像带批发服务	6345
一体育类电子出版物批发服务	
其他文化用品批发 *	
一台球器材批发服务	
一飞镖器材批发服务	6349
一沙壶球器材批发服务	
2. 体育用品、服装、鞋帽及相关产品零售	
体育用品零售	

类别名称	国民经济行业代码
鞋帽零售*	
一运动鞋专门零售服务	6542
服装零售*	6533
一运动服装专门零售服务	
百货零售*	6532
一体育百货零售服务	
超级市场零售*	6511
一体育类产品超级市场零售	
3.体育产品贸易与代理服务	6512
贸易经纪与代理*	
一体育用品国际贸易代理服务	
一体育用品国内贸易代理服务	6380
八、体育场馆建筑活动	
1.体育馆房屋工程建筑	
房屋工程建筑*	
一体育及休闲健身用房屋建筑	
2.体育场工程建筑	4710
其他土木工程建筑*	
一体育场地设施工程	
一室外体育用设施	4729

（五）《林业及相关产业分类（试行）》（林计发〔2008〕21号）

1. 编制背景

党中央、国务院历来高度重视林业工作。2003年6月，中共中央、国务院颁发了《关于加快林业发展的决定》，2007年10月，党的十七大第一次把"建设生态文明"写进报告，这些决策的做出和施行，把林业推上了一个前所未有的新高度，赋予林业一系列的重大使命。林业活动领域由传统的森林资源培育、管理与利用，拓展到湿地资源的保护与利用以及防沙、治沙和荒漠化防治。以森林培育和木材加工为主的传统产业快速发展的同时，以林业旅游为主的林业生态产业和以非木质林产品开发利用为特征的新兴产业成为新的增长点,特别是野生动物驯养,林业生物产业(生物质能源、生物质材料、生物制药以及林业绿色化学产品等)新兴产业迅速成长;而且,这些产业涉及第一、第二、第三产业,每个产业中经济活动单位的所有制形式、经营形式和规模多样化;现行林业统计中的产业分类难以对这些活动进行准确和全面的反映。同时,随着我国改革开放的不断深入,林业对外交流也日益增多,涉及林业领域的国际合作与国际比较随之增加,这更需要一个既能准确、全面、系统反映我国现阶段林业及相关产业经济活动的状况,又能与国际分类相衔接的林业及相关产业分类。《林业及相关产业分类(试行)》(林计发〔2008〕21号)的制定,为界定、规范我国的林业及相关产业提供了参考,同时也为完善我国林业统计制度和开展林业国际交流奠定了基础。

2. 研制过程

《林业及相关产业分类(试行)》的研究与编制,由国家林业局牵头,国家统计局参加,并得到国家发展改革委,以及部分省、自治区林业厅(森工集团),北京林业大学和其他高等院校、科研单位的大力支持。2005年课题立项,国家林业局与北京林业大学合作研究;2006年提出《林业及相关产业分类》初稿,召开了由国家林业局相关司局、中国林科院、东北林业大学等单位参加的3次座谈会,并到内蒙古、浙江、湖北等地进行专题调研,提出了《林业及相关产业分类》修订稿;在此基础上,召开了由龙江森工集团、吉林森工集团、甘肃省林业厅、福建省林业厅、山西省林业厅等7个单位组成的征求意见会,并按新分类选择案例县进行统计。2007年,与国家统计局就《林业及相关产业分类》进行了反复的沟通与讨论,对《林业及相关产业分类》进行了多次修改和完善。2007年12月由国家林业局牵头,组织国家发展改革委、国家统计局、中国农业大学等管理部门、研究部门召开评审会,通过了《林业及相关产业分类(试行)》。评委会一致认为项目研究在林业统计理论研究与实践中占有重要的基础地位,对于完善我国林业统计制度具有重要的理论和现实意义。

3. 编制方法

《林业及相关产业分类(试行)》依据《国民经济行业分类》对林业的界定,结合我国林业管理的实际情况,将林业及相关产业界定为:依托森林资源、湿地资源、沙地资源,以获取生态效益、经济效益和社会效益为目的,为社会提供(也包括部分自产自用）林产品、湿地产品、沙产品和服务的活动,以及与这些活动有密切关联的活动的集合。根据上述界定,将林业及相关产业分为林业生产、林业旅游与生态服务、林业管理和林业相关活动 4 个部分,共 13 个大类、37 个中类和 112 个小类,其中小类与《国民经济行业分类》(GB/T 4754—2002)的行业小类相一致,实现了《林业及相关产业分类(试行)》与《国民经济行业分类》的衔接。

林业生产:森林的培育与采伐活动、非木材林产品的培育与采集活动、林业生产辅助服务;林业旅游与生态服务:林业旅游与休闲服务、林业生态服务;林业管理:林业专业技术服务、林业公共管理及其他组织服务;林业相关活动:木材加工及木制产品制造、以木(竹、苇)为原料的浆、纸产品加工制造、野生动物产品的加工制造、以其他非木材林产品为原料的产品加工制造、林业其他相关活动。

4. 技术难点问题

(1)关于"林业相关活动"的范围确定。为了从产业链的角度观察林业活动,并进一步观察林业对社会经济的推动作用,《林业及相关产业分类(试行)》设置了"林业相关活动"分层。林业相关活动主要包括:林业产品加工制造活动、泥炭采掘与人工湿地建造活动。从产业链的角度确定林业产品加工制造活动的范围,依据以下两个标准:一是"成本显著性标准",即对于一种产品加工活动,若其产品生产成本中林业产品原料价值超过 50%,则可认为该产品具有显著的林业产品属性,其生产活动属于林业相关活动;二是"原料的不可替代性标准",即对于一种产品加工活动,尽管加工产品的原料构成中,林业产品原料的含量和价值不是主要的,但林业产品原料作为关键性原料,而且不可替代,则可认为该产品加工活动属于林业相关活动。

(2)关于行业小类的处理。《国民经济行业分类》是按照活动的同质性原则划分的,但从林业及相关产业的角度观察,有些行业小类不是纯的林业及相关产业活动。为了在统计和管理中准确区分不属于林业及相关产业的活动,我们在《林业及相关产业分类(试行)》中对不是纯林业活动的小类行业进行了标记,在相应的小类行业的备注栏中用字母"p"表示,在说明栏中对这些行业中的林业及相关产业活动做了进一步解释,并在这些行业小类下增设了延伸层,用以反映需单独观察的林业及相关产业活动。

（3）关于林业生态服务的确定。森林具有游憩休闲、固碳、防风固沙、保持水土、净化空气、保护生物多样性等生态服务功能。在确定林业及相关产业时，有关方面提出森林的生态服务全面纳入林业及相关产业。我们认为，上述森林生态服务，一类已形成产业活动，如森林游憩、保持水土、固碳，保护生物多样性等，我们已纳入分类并分别在相应产业中单独反映；另一类还没有形成产业活动，也不具备进行统计的条件，但从发展的角度出发，我们也将其纳入分类，但不单独反映，而是整体并入其他自然保护小类下的延伸层（其他林业生态服务与自然保护）中。

（4）关于统计与核算问题的处理。《林业及相关产业分类（试行）》是依据林业管理的自身特点和联合国粮农组织（FAO）关于林业产品的定义，在《国民经济行业分类》基础上派生出的横向多部门组合分类。该分类有部分内容与其他部门或产业相交叉，交叉的内容仅限于林业部门管理所需要的统计、核算与分析，不用于国民经济行业汇总和经济总量的核算。同时，我们将在今后的工作中对分类逐步加以完善，使其更加科学、规范，反映实际情况。

5. 分类方法

（1）依据分类原则，本分类将林业及相关产业划分为四层。

第一层根据林业活动对象与林业资源的直接关联程度，分为林业生产、林业旅游与生态服务、林业生产辅助服务和林业相关活动4个部分，用汉字数字一、二、三、四表示。

第二层根据林业活动的投入和产出的特点，分为13个大类，用汉字数字（一）、（二）、……表示。

第三层依照林业活动性质的相近性、产业链和上下层分类的关系分为37个种类，用阿拉伯数字表示。

第四层共有112个小类，它是第三层所包括的行业类别层，也是林业及相关产业的具体活动类别。该层不设顺序号，每一小类的代码为对应的"国民经济行业代码"。

（2）为了科学、完整、准确地反映林业活动的类别，本分类对部分内容作了特殊处理：

① 第四层有部分小类（行业类别）的活动只是部分属于林业或相关活动，在相应小类（行业类别）下设置了延伸层，共95个类别即该类别中属于林业及

相关产业活动的内容。延伸层不设代码和顺序号,在相应的类别前用横线"—"表示。

② 在第四层中,对于只有部分活动属于林业或相关活动的小类(行业类别),在相应类别备注栏中用字母"p"表示,并在说明栏中对这些行业中所包含的林业活动做了进一步界定和解释。

6. 林业及相关产业分类表

表 3-4 林业及相关产业分类

产业名称	说明	国民经济行业代码	备注
一、林业生产			
(一)森林的培育与采伐			
1.林木的培育和种植			
育种和育苗		0211	
造林		0212	
林木的抚育和管理		0213	
2.木材和竹材的采运			
木材的采运		0221	
竹材的采运		0222	
(二)非木材林产品的培育与采集			
1.经济林产品的种植与采集			
水果、坚果的种植	指对木本园林水果、木本瓜果、坚果的种植活动	0131	p
——木本水果与瓜果的种植			
——坚果的种植			
茶及其他饮料作物的种植	指对茶、可可、咖啡等饮料作物的种植活动	0132	
香料作物的种植		0133	p
——木本香料与花卉香料作物的种植			
中药材的种植	指主要用于中药配制以及中成药加工的木本药材和草本药材作物的种植	0140	
林产品的采集		0230	

产业名称	说明	国民经济行业代码	备注
2. 花卉的种植			
花卉的种植		0122	p
其他园艺作物的种植	指盆栽观赏花木、工艺盆景、装饰植物（如草皮卷）的种植	0123	p
3. 陆生野生动物繁育与利用			
狩猎和捕捉动物		0340	p
——陆生野生动物狩猎与捕捉	指因生存、商业、科研和生态目的而对各种陆生野生动物的捕捉以及与此相关的活动		
家禽的饲养		0330	p
——鸵鸟、鹌鹑的饲养			
其他畜牧业		0390	p
——陆生野生动物驯养繁殖	指为获得各种陆生野生动物及其产品而从事的动物饲养活动		
4. 其他非木材林产品的种植与采集			
蔬菜的种植		0121	p
——食用菌、竹笋和山野菜种植	指对蘑菇、菌类、竹笋、蕨菜、薇菜、发菜等山菜的种植		
——湿地水生蔬菜的种植	指对湿地中的莲藕、茭白等水生蔬菜的种植		
薯类的种植		0112	p
——木薯的种植			
其他作物的种植	指主要用于杀菌和杀虫的木本作物，以及苇子、蒲草等的种植。	0119	p
（三）林业生产辅助服务			
1. 森林培育服务			
林业服务业	指为林业生产服务的病虫害防治、森林防火等各种支持性活动	0520	
2. 非木材林产品生产服务			
农产品初加工服务		0512	p

产业名称	说明	国民经济行业代码	备注
——非木质林产品初加工服务	指由农民家庭兼营或由收购单位对收获的水果、坚果、蘑菇、菌类、花卉、中药材等产品进行去籽、净化、修整、分类、晒干、剥皮、沤软或大批包装以提供初级市场的服务活动，为提高播种成活率或飞机播撒的均匀度，对林木、花卉种子进行包衣等种子加工服务活动，以及其他的产品初加工活动		
其他农业服务	指为种植果树、花卉、蘑菇、菌类、中药材等作物，促进其生长或防治病虫害，以及与花草的种植、截枝、修整和花园的修建和维修、树木的整容活动有关的服务活动	0519	p
3.陆生野生动物繁育与利用服务			
兽医服务		0531	p
——陆生野生动物诊疗服务	指对猎捕或饲养的各种陆生野生动物进行的病情诊断和医疗活动		
其他畜牧服务		0539	p
——其他陆生野生动物繁育与利用服务	指陆生野生动物繁育与利用有关的配种(包括冷冻精液、人工授精等)、牧群检验、孵坊、圈舍的清理与整治等服务		
二、林业旅游与生态服务			
(一)林业旅游与休闲服务			
1.林业旅游服务			
风景名胜区管理		8131	p
——山岳型风景名胜区的管理			
——峡谷型风景名胜区的管理			
——森林型风景名胜区的管理			
——沙(荒)漠型风景名胜区的管理			
——湿地型风景名胜区的管理			
——以森林景观为主的世界自然遗产地的管理			

产业名称	说明	国民经济行业代码	备注
其他游览景区管理		8139	p
——非自然保护区和风景名胜区的森林公园、湿地公园和荒（沙）漠公园 ——森林、湿地、荒漠或沙漠度假村 ——观光果园和花圃旅游休闲	指主要在公园或景区内为游人提供休闲、观光、游玩、度假、垂钓、野营、科普、采摘等服务的，未作为风景名胜区和自然保护区的各类森林公园、湿地公园、沙漠（地）公园或景区、观光果园和花圃的管理活动		
2. 林业疗养与休闲服务			
旅游饭店	指位于以森林景观、湿地景观或荒（沙）漠景观为主的公园、度假村、风景名胜区和自然保护区内，按国家有关规定评定的旅游饭店或具有相同质量、水平的饭店服务活动	6610	p
疗养院	指位于以森林景观、湿地景观或荒（沙）漠景观为主的公园、度假村、风景名胜区和自然保护区内，以提供疗养、康复为主、治疗为辅的医疗服务活动	8516	p
干部休养所	指位于以森林景观、湿地景观或荒（沙）漠景观为主的公园、度假村、风景名胜区和自然保护区内的干部休养所	8711	p
休闲健身娱乐活动		9230	p
——野生动物运动和休闲狩猎场	指面向社会开放的野生动物狩猎场为专门供运动和休闲的动物捕捉等有关活动提供的服务		
（二）林业生态服务			
1. 自然保护			
自然保护区管理	不包括地质遗迹、古生物遗迹保护区	8011	
野生动植物保护	指对陆生野生及濒危动植物的饲养、培育、繁殖等保护活动，以及对动物栖息地的管理活动	8012	p
其他自然保护	指自然保护区和野生动植物保护范围以外的森林、湿地和荒漠保护活动	8019	p

产业名称	说明	国民经济行业代码	备注
——森林固碳服务	指利用生态公益林和多功能林提供森林固碳服务的管理活动		
——其他林业生态服务与自然保护	指利用森林提供农田、牧场防护,大气净化等生态服务的管理活动;利用湿地生态系统提供污水处理服务的管理活动;其他未列明的森林、湿地和荒漠保护活动		
2. 其他水利管理		7990	p
——森林水土保持与保护	指利用生态公益林和多功能林提供森林水土保持与保护服务的管理活动		
3. 城市林业管理			
城市绿化管理	指城市园林绿化的管理活动	8120	
公园管理		8132	p
——城市园林公园管理	指主要为人们提供休闲、观赏、游览以及科普、科研的城市园林公园的管理活动		
三、林业管理			
(一)林业专业技术服务			
1. 林业技术与环境监测服务			
技术检测		7650	p
——林产品技术检测与质量认证服务	指通过专业技术手段对森林动植物、林产品等所进行的检测、检验、检疫、鉴定等活动		
环境监测		7660	p
——林业生态系统监测	指对森林、湿地和荒漠生态系统指标进行的测试、监测和评估活动		
2. 林业设计与规划服务			
工程勘察设计		7672	p
——林业生产作业与工程设计	指由规划设计专业机构开展的各类林业生产作业设计、风景园林工程设计等设计活动		
规划管理		7673	p

产业名称	说明	国民经济行业代码	备注
——林业调查规划	指由规划设计专业机构开展的森林资源调查、林业规划、森林公园与风景名胜区规划、城市园林绿化规划等调查、规划活动		
（二）林业公共管理及其他组织服务			
1. 林业公共管理			
公共安全管理机构		9423	p
——林业公安管理机构	指各级林业公安的活动		
经济事务管理机构		9425	p
——林业行政管理机构	指各级林业行政管理机构，具有行政职能的林业事业单位和乡镇林业工作站从事的林业行政事务		
行政监督检查机构		9427	p
——林业行政监督检查机构	指与森林、湿地、荒（沙）漠化野生动物保护等有关的检查、监督、稽查、查处等活动		
2. 林业其他组织服务			
专业性团体	指林业专业技术团体	9621	p
行业性团体	指林业性质的行业团体（除专业技术的团体）	9622	p
四、林业相关活动			
（一）木材加工及木制产品制造			
1. 木材加工制造			
锯材加工		2011	
木片加工		2012	
胶合板制造		2021	
纤维板制造		2022	
刨花板制造		2023	
其他人造板、材制造	指人造板、二次加工装饰板及其他未列明的木（苇）质人造板材的制造	2029	
2. 木制品制造			

产业名称	说明	国民经济行业代码	备注
建筑用木料及木材组件加工	指主要用于建筑施工工程的木质制品，如建筑施工用的大木工或其他支撑物，以及建筑木工的生产活动	2031	
木容器制造	指木质装货箱、板条箱、盒箱和类似包装箱，木质电缆盘、盒状制模板及其他木质载货板，各种木制桶、槽、盆及其配件的制造	2032	
软木制品及其他木制品制造	指天然软木除去表皮，经加工后获得的结块软木及其制品，林木质成型燃料，木制农具、工具，工具主体、扫帚或刷子的柄和主体，木制卷轴、帽盖、筒管，线团木芯和类似品，木制镜框、画框、相框等框架，木制衣架、鞋楦、洗衣板、梳子等木制生活用品，木碗、木勺、木筷子、木案板等木制厨房用具，以及其他未列明的木质产品的生产活动	2039	
3. 木家具制造			
木质家具制造		2110	
金属家具制造		2130	p
——钢木（竹、藤）家具制造	指支（框）架及主要部件以铸铁、钢材、钢板、钢管、合金等金属为主要材料，结合使用天然木材和木质人造板，或竹材、藤材，配以其他辅料制作各种家具的生产活动		
4. 木质文教用品及其他木制产品制造			
笔的制造		2412	p
——木制铅笔、毛笔和木炭笔的制造			
教学用模型及教具制造		2413	p
——木（竹）质教学用模型和教具制造			
——教学用森林动植物标本制作			
——其他木（竹）质教学用具制造			

产业名称	说明	国民经济行业代码	备注
中乐器制造	指以木、竹、野生动物皮、角、骨等材料制作中乐器生产活动	2431	p
西乐器制造		2432	p
——西弦乐器、木管乐器和木质键盘乐器制造	指以木、竹、野生动物皮、角、骨等材料制作西洋乐器生产活动		
非金属船舶制造		3752	p
——木船制造	指以木材为主要材料,为民用与军事部门建造船舶的活动		
(二) 以木(竹、苇)为原料的浆、纸产品加工制造			
1. 木(竹、苇)浆的加工制造			
纸浆制造		2210	p
——木(竹、苇)浆制造	指以木材、竹材、芦苇为原料,经机械或化学方法加工纸浆的活动		
化纤浆粕制造		2811	p
——木(竹、苇)浆粕制造	指用于生产纺织胶粘纤维和玻璃纸的木(竹、苇)浆粕的生产		
2. 木(竹、苇)浆造纸及纸制品加工制造			
机制纸及纸板制造		2221	p
——机制木(竹、苇)浆纸及纸板制造	指利用木(竹、苇)浆为原料,经过造纸机或其他设备成型,生产纸和纸板的活动		
手工纸制造	指利用木(竹、苇)浆为原料,采用手工操作成型,制成纸的生产活动	2222	
加工纸制造		2223	p
——木(竹、苇)浆加工纸制造	指对以木(竹、苇)浆为原料生产的原纸及纸板进一步加工的生产活动		
纸和纸板容器的制造		2231	p
——木(竹、苇)浆纸和纸板容器的制造	指利用以木(竹、苇)浆为原料生产的纸和纸板,进一步加工制成纸制容器的生产活动		

产业名称	说明	国民经济行业代码	备注
其他纸制品制造		2239	p
——其他木(竹、苇)浆纸制品制造	指利用以木(竹、苇)浆为原料生产的纸和纸板,制成符合出售规格或包装要求的纸制品,以及其他未列明纸制品的生产活动		
3.以木(竹、苇)浆纸为原料的印刷品加工制造			
书、报、刊印刷	指利用以木(竹、苇)浆为原料生产的纸和纸板印刷书、报、刊的活动	2311	p
本册印制	指利用以木(竹、苇)浆为原料生产的纸和纸板制作的,用于书写和其他用途的本册生产	2312	p
包装装潢及其他印刷	指根据一定的商品属性、形态,采用以木(竹、苇)浆为原料生产的纸和纸板作包装材料,经过对商品包装的造型结构艺术和图案文字的设计与安排来装饰美化商品的印刷,以及其他的印刷活动	2319	p
(三)以竹、藤、棕、苇为原料的产品加工制造	不含纸制品、工艺品的加工制造		
1.竹、藤、棕、苇家具加工制造			
竹、藤家具制造		2120	
其他家具制造		2190	p
——棕床垫、椅垫制造	指主要由弹性材料(如弹簧、蛇簧、拉簧等)和棕丝等软质材料,辅以绷结材料(如绷绳、绷带、麻布等)和装饰面料及饰物制成的棕床垫、椅垫等棕制软体家具制造活动		
——其他木、竹、藤家具制造	以玻璃为主要材料,辅以木材、竹材、藤材制成的各种玻璃家具,以及其他未列明的以木材、竹材、藤材、棕为辅料的各种家具的制造活动		
2.以竹、藤、棕、苇为原料的其他产品加工制造			

产业名称	说明	国民经济行业代码	备注
竹、藤、棕、草制品制造	指除木材以外,以竹、藤、棕、苇等植物为原料生产制品的活动	2040	p
轻质建筑材料制造		3124	p
——芦苇、泥炭人造板制造	指以芦苇、泥炭为原料生产非木质纤维板和刨花板的活动		
(四)野生动物产品的加工制造			
1.野生动物食品加工制造			
畜禽屠宰		1351	p
——鸵鸟、鹌鹑屠宰	指对鸵鸟、鹌鹑的屠宰、鲜肉分割、冷藏或冷冻加工		
肉制品及副产品加工		1352	p
——鸵鸟、鹌鹑肉制品加工	指主要以鸵鸟、鹌鹑等禽肉为原料加工成肉制品的活动		
其他未列明的农副食品加工		1399	p
——陆生野生动物肉、蛋产品的生产和加工	指以狩猎、捕捉和驯养繁殖的陆生野生动物肉、蛋等产品的加工活动		
肉、禽罐头制造		1451	p
——陆生野生动物肉罐头制造	指各种陆生野生动物肉类的硬包装和软包装罐头制造		
其他罐头制造		1452	p
——陆生野生禽鸟蛋类罐头制造			
2.野生动物毛皮革加工制造			
皮革鞣制加工		1910	p
——陆生野生动物皮革鞣制加工	指陆生野生动物生皮经脱毛、鞣制等物理和化学加工,再经涂饰和整理,制成具有不易腐烂、柔韧、透气等性能的皮革生产活动。		
皮革服装制造		1922	p
——陆生野生动物皮革服装制造	指全部或大部分用陆生野生动物皮革为面料,制成各式服装的活动		
毛皮鞣制加工		1931	p

产业名称	说明	国民经济行业代码	备注
——陆生野生动物毛皮鞣制加工	指带毛的陆生野生动物生皮经鞣制等物理和化学方法处理后,保持其绒毛形态及特点的毛皮(又称裘皮)的生产活动		
毛皮服装加工		1932	p
——陆生野生动物毛皮服装加工	指全部或大部分用陆生野生动物毛皮为面料,制成各式毛皮服装的生产活动		
其他毛皮制品加工		1939	p
——其他陆生野生动物毛皮制品加工	指全部或大部分用陆生野生动物毛皮为材料,制成上述类别未列明的其他各种用途的毛皮制品的生产活动		
3. 野生动物其他加工制造			
缫丝加工	指由蚕茧经过加工缫制成丝的活动	1741	
绢纺和丝织加工		1742	p
——桑蚕丝及其交织品加工			
——柞蚕丝及其交织品加工			
——绢(䌷)丝及其交织品加工			
化学试剂和助剂制造		2661	p
——陆生野生动物炭黑制造	指以陆生野生动物骨、皮、血、角为原料生产炭黑的活动		
——泥炭腐殖酸化学试剂和助剂制造	指以泥炭为原料生产化学试剂和助剂的活动		
动物胶制造		2667	p
——陆生野生动物胶制造	指以陆生野生动物骨、皮为原料,经过一系列工艺处理制成的有一定透明度、黏度、纯度的胶产品的生产		
(五)以其他非木材林产品为原料的产品加工制造			
1. 木本油料加工			
食用植物油加工		1331	p

产业名称	说明	国民经济行业代码	备注
——木本食用油加工	指以各种食用木本油料植物生产油脂，以及精制食用油的加工活动		
非食用植物油加工		1332	p
——木本非食用油加工	指以各种非食用木本油料植物生产油脂的活动		
2.木本果类、山菜及饮料加工制造			
蔬菜、水果和坚果加工		1370	p
——食用菌、竹笋和山野菜加工	指用脱水、干制、冷藏、腌制、水煮等方法对蘑菇、菌类、竹笋、蕨菜等森林蔬菜，水果、坚果的加工活动。		
——湿地水生蔬菜加工			
——木本水果、坚果加工			
蜜饯制作		1422	p
——木本水果、坚果蜜饯制作	指以水果、坚果、果皮、林产蔬菜及植物的其他部分制作糖果蜜饯的活动		
蔬菜、水果罐头制造		1453	p
——食用菌、竹笋和山野菜罐头制造			
——湿地水生蔬菜罐头制造			
——木本水果、坚果罐头制造			
酱油、食醋及类似品的制造		1462	p
——木本水果酱油和酱类制品制造	指以林果为原料，经过微生物发酵制成的各种水果酱油和酱类制品或水果醋的加工活动		
——木本水果醋制造			
葡萄酒制造	指以新鲜葡萄或葡萄汁为原料，经全部或部分发酵酿制而成的，酒精度（体积分数）等于或大于7%的发酵酒产品的生产	1524	
其他酒制造		1529	p
——其他木本水果酒制造	指除葡萄以外的其他林果为原料生产的果酒、配制酒以及未列明的其他酒产品的生产		
果菜汁及果菜汁饮料制造		1533	p

产业名称	说明	国民经济行业代码	备注
——木本水果汁及果汁饮料制造	指以新鲜或冷藏水果和森林蔬菜为原料,经加工制得的果菜液汁制品的生产,以及在果汁或浓缩果汁、蔬菜汁中加入水、糖液、酸味剂等,经过调制而成的可直接饮用的饮品(果汁含量不低于10%)的生产		
——食用菌、蕨类汁及饮料制造			
含乳饮料和植物蛋白饮料		1534	p
——木本果类蛋白饮料制造	指以蛋白质含量较高的森林植物的果实、种子或核果类、坚果类的果仁等为原料,在其加工制得的浆液中,加入水、糖液等调制而成的可直接饮用的植物蛋白饮品的生产		
固体饮料制造		1535	p
——咖啡固体饮料制造	指以糖、食品添加剂、林果果汁或植物抽提物等为原料,加工成粉末状、颗粒状或块状制品(其成品水分即质量分数不高于5%)的生产活动		
——茶固体饮料制造			
——其他木本果类固体饮料制造			
茶饮料及其他软饮料制造		1539	p
——茶饮料制造			
——木本果类果味饮料制造			
精制茶加工	指对毛茶或半成品原料进行筛分、轧切、风选、干燥、匀堆、拼配等精制加工茶叶的生产	1540	
3.中药材加工制造			
中药饮片加工	指对采集的天然或人工种植、养殖的陆生野生动物和植物中草药进行加工、处理的活动	2730	p
中成药制造	指以采集的天然或人工种植的植物中草药,捕猎或人工养殖的陆生野生动物为原料,加工制成直接用于人体疾病防治的传统药的生产活动	2740	p
生物、生化制品的制造	指以林产动植物为材料,利用生物技术生产生物化学药品、基因工程药物的生产活动	2760	p

产业名称	说明	国民经济行业代码	备注
4. 林产化学原料与化学制品制造			
林产化学产品制造	指以林产品为原料，经过化学和物理加工方法生产松香类产品、松节油类产品、烤胶类产品、樟脑类产品、冰片（龙脑）、紫胶类产品、五倍子单宁产品、木（竹）材热解产品、木材水解产品、林木生物质液体能源产品、其他林产化学产品的活动	2663	
香料、香精制造		2674	p
——林产香精、香料制造	指以芳香类森林植物、花卉或陆生野生动物分泌物为原料，采用物理提取或化学方法合成或生物技术制得的具有香气和香味，用于调配香精的物质——香料的生产，以及以多种香料为主要原料，按一定的配方调配得到各种用途的香精的制造活动		
5. 林产工艺品加工制造			
雕塑工艺品制造		4211	p
——天然植物雕刻工艺品制造	指以陆生野生动物牙、角、骨等硬质材料，木、竹、椰壳、树根、软木等天然植物为原料，经雕刻、琢、磨等艺术加工制成的各种供欣赏和使用的工艺品的生产活动		
——陆生野生动物牙（角、骨）雕刻工艺品制造			
——木（竹）工艺品及装饰品制造			
漆器工艺品制造	指将半生漆、腰果漆加工调配成各种鲜艳的漆料，以木、纸、塑料、铜、布等作胎，采用推光、雕填、彩绘、镶嵌、刻灰等传统工艺和现代漆器工艺进行的工艺制品的制作活动	4213	p
花画工艺品制造		4214	p
——干花工艺品制造	指以鲜花草为原料，经造型设计、模压、剪贴、干燥等工艺精制而成的干花工艺品的制作活动		

续表

产业名称	说明	国民经济行业代码	备注
——树皮、芦苇画类工艺品制造	指以树皮、树叶、竹、羽毛、芦苇、花卉等为原料,制作而成的各种立体、半立体并配以框架的画的制作活动		
天然植物纤维编织工艺品制造		4215	p
——竹、藤、棕、苇编工艺品制造	指以竹、藤、棕、苇、柳等天然植物为原料,经编织或镶嵌而成具有造型艺术或图案花纹,以欣赏为主的工艺陈列品以及工艺实用品的制作活动		
(六)林业其他相关活动			
1. 与林业相关的泥炭采掘			
其他煤炭采选		0690	p
——泥炭采掘			
2. 与林业相关的人工湿地建造			
其他土木工程		4729	p
——处理污水的人工湿地建造	指根据不同基质和不同湿地植物对不同污染物的处理功能,采用多种基质组合和多种湿地植物组合的方式建造人工湿地		
——其他人工湿地建造			

注:(一)备注栏中的"p"表示该行业类别仅有部分活动属于林业及相关产业;(二)类别前加横线"——"表示行业小类的延伸层,也即该小类中属于林业及相关产业活动的内容;(三)根据我国三次产业分类标准,第一部分属于第一产业,第四部分属于第二产业,第二、三部分属于第三产业

三、确立海洋文化产业统计实施方案

海洋文化产业统计工作的开展,主要是落实海洋文化产业分类及其相关统计指标,掌握海洋文化产业发展现状和企事业单位个数、从业人员、经营活动业务类型等。

(一)组织与广泛宣传以落实海洋文化企事业单位知情权

积极组织各地深入学习海洋文化产业分类,结合制度开展实施,切实加强领导狠抓《海洋文化产业分类》和相关制度的实施。同时,各地采取多种形式

对《海洋文化产业分类》和相关制度进行宣传培训,将海洋文化产业分类注释和海洋文化产业产值统计报表填报说明编印在每年的统计报表制度中供随时查阅等。

(二)采取措施保障数据质量

一是严格执行《海洋文化产业分类》和统计报表制度。按照《海洋文化产业分类》和制度规定的指标含义、计算方法、统计口径填报数据,切实保障数据的一致性。二是严格执行统计会签制度。综合统计报表凡涉及相关业务部门的数据,都会签相关业务部门,在得到认可后才能作为综合统计发布,避免数出多门。三是切实加大数据控制力度。从基层起建立原始记录、统计台账,省、市、县三级海洋或渔业或统计部门对数据质量做到层层把关;同时,利用全国海洋经济统计报表管理平台的数据审核、填写提示、禁止填写等功能从源头加以控制,保证数据质量。四是开展海洋文化产业统计执法检查。

(三)因地制宜沟通,拓宽数据采集渠道

海洋文化产业统计工作的实施,需要加强沿海省级海洋业务部门与地方统计部门的沟通与协作。沟通协调、数据共享有利于摸清地区海洋文化产业发展状况,提高海洋文化产业统计数据的准确性,也有利于提高了统计部门和宣传部门对海洋文化产业数据的认可度。沿海省份可以根据自身海洋文化产业发展特点和条件,寻找统计突破口,有针对性地开展海洋文化产业统计调查,提高统计数据搜集能力。如海洋部门独立开展海洋文化产业活动单位调查工作,海洋部门与地方统计局联合制定海洋文化产业统计表、开展专项调查,抑或是海洋部门委托省统计局对海洋文化产业进行重点调查等。

(四)重视海洋文化产业调查与统计队伍建设

注重提高统计人员素质,采取多种形式对统计人员进行业务培训,合理利用统计年报布置会议、汇总会、半年报座谈会等机会,统一统计口径,充分交流经验;培训《海洋文化产业分类》,形成相关制度,有针对性地开展统计业务知识、统计软件使用、统计分析写作等方面的专题讲座,及时更新统计人员的业务知识。

四、研发海洋文化产业网络直报系统

（一）互联网的快速发展加速了企业信息采集方式的变革

利用报表进行数据采集、上报和统计分析，一直是统计管理部门搜集调查对象基本信息，及时了解调查对象的基本途径。在统计业务中，传统的统计数据采集基本上是以统计机构直接搜集填报单位的原始纸质统计报表形式完成。统计部门对数据和信息采集的需求确定后，由统计部门工作人员手工制作报表，并以纸质或 Excel 报表方式通过传真或电子邮件方式下发到下级各个调查对象，各个调查对象手工填报数据后，也以电子邮件、传真方式上报。统计部门对这些数据进行手工汇总，分析后，最终提供汇总数据和数据决策依据。

多年以来，统计系统对于统计报表数据的采集一直都是采用这种手工方式，随着统计工作的不断发展，统计行业对数据的及时搜集、上报和分析处理等要求越来越高，传统手工申报的统计模式和方式暴露出越来越多的问题，建设一个高效、快捷的数据采集、统计、分析管理平台就成了统计系统迫切需要解决的问题。

随着网络环境的不断改善和信息技术的发展，网上直报已成为数据采集的一种新的方式，它提供了一个灵活、规范的数据采集处理平台。所谓网上直报系统就是指通过网络，实现统计数据的录入、采集、传输和数据共享，以保障统计数据的准确性和及时性，完成企业和统计主管部门定期的报表上报工作。

（二）基于 Web 的网上直报系统架构

网上直报系统由三个有机部分组成：数据报送平台、管理平台和基础服务平台。① 数据报送平台实现了数据在线报送功能，提供了一个所见即所得的数据录入界面，用户登录系统后，选择相应的报表任务，完成报表填写，审核无误后在线上报数据。② 管理平台分为三个功能模块：数据管理模块、用户管理模块和报表管理模块。数据管理模块实现报表数据的增、删、改的维护、数据备份和恢复、数据汇总统计、报表输出和打印等功能；用户管理模块实现对系统用户的添加、权限和角色的分配等功能；报表管理模块实现对报表的定义，报表任务的下发以及催报等功能。③ 基础服务平台主要是处于系统底层的后台数据库管理和物理的网络连接。所有的应用都是在基础服务平台上实现的。

数据库设计。根据系统的流程和功能需求,系统的数据库主要包含下面几个表:① 用户权限表:记录用户的操作权限信息,数据项包括用户的登录名称、登录密码、对应的报表操作权限(分为报表录入权限、查看权限、编辑权限、输出权限四个字段),用户所属的角色级别。② 报表数据表:报表数据表是本系统最重要的表格之一,报表处理的很多过程都是直接对相应的报表数据表进行操作。该表主要存放用户录入的报表数据,数据项和字段内容根据报表的录入内容来确定。③ 报表信息表:存放报表的基本信息,数据项包括报表名称、报表类别、报表的填报日期、报表结束填报日期,报表是否发布等。

网上直报系统具有:① 以科学的数据处理和交流形式优化了统计的数据采集流程,摒弃了原有的环节复杂、手续烦琐的手工数据采集,改变了原来的多部门、多层次所带来的采集数据的周期长,效率低,数据时效性差等问题。② 网上直报平台将降低各部门的工作强度,节省了人力、物力资源,提高了数据采集、上报和数据管理的效率。③ 由于介质和申报流程的改变,提高了企业申报数据的准确性。④ 提高了数据的管理功能。

(三)利用无线通信技术基于 PDA 构建调查员速报系统架构

随着无线通信技术和智能终端技术的飞速发展,个人数码助理(Personal Digital Assistant)等无线手持终端的广泛普及,基于无线移动技术的应用成为一个研究热点,与行业需求深度融合的趋势日益明显,人们获取信息和服务的方式发生了深刻的变化。同时 GIS,GPS 等在嵌入式技术方面的发展以及与移动互联网技术的结合,使信息无线传输与 GPS 定位识别成为可能,可以在一定程度上实现普查员 2 小时内的调查获取。

PDA 前端数据采集源,是一套包括信息采集、信息传递和数据处理的综合应用系统,能够打通调查员的信息上报渠道,指导和辅助专业统计信息上报员采集和编辑普查信息,包括位置信息、属性信息以及图片等,将采集的海洋文化产业信息经 GSM GPRS/3G 移动网络或 Internet 发送至区域海洋文化产业处理中心。

PDA 中心管理端再对调查信息进行解密和解码,供下一步调查信息综合分析、信息统计、信息发布等后续处理和分析做准备。

参考文献

[1] 国家体育局,国家统计局.体育及相关产业分类(试行)(2008).http://news.xinhuanet.com/sports/2008-07/10/content_8524439.htm

[2] 国家林业局,国家统计局.林业及相关产业分类(试行)(2008).http://www.jsforestry.gov.cn/art/2011/11/22/art_181_30187.html

[3] 国家统计局.文化及相关产业分类(试行).http://news.xinhuanet.com/fortune/2012-07/31/c_112583581.htm

[4] 国家海洋局,国家统计局.海洋及相关产业分类(2006).

[5] 邹桂斌.海洋文化产业发展和社会治理策略初探[G].中国海洋学会2007年学术年会论文集(下册),2007-12-01.

[6] 钱紫华,闫小培,王爱民.文化产业体系构建的回顾与思考[J].人文地理.2007,93(1):97-104

[7] The UNESCO Framework for Cultural Statistics [R]. Paris: UN-ESCO, 1986.

[8] Scott A J. Cultural-products Industries and Urban Economic Development: Prospects for Growth and Market Contestation in Global Context [J]. Urban Affairs Review, 2004, 39 (4):461-490.

[9] Scott A J. The Cultural Economy of Cities [J]. International Journal of Urban and Regional Research, 1997, 21 (2):323-339.

[10] 阿伦·斯科特.文化产业:地理分布与创造性领域[R].//世界文化产业发展前沿报告(2003-2004)[M].北京:社会科学文献出版社,2004:143-149.

[11] 张开城,徐质斌.海洋文化与海洋文化产业研究[M].北京:海洋出版社,2008:4-7

[12] 林宪生.基于区域合作理念对辽宁省滨海文化产业一体化建设的研究[J].海洋开发与理,2009,(5):104-109

[13] 郑贵斌,刘娟,牟艳芳.山东海洋文化资源转化为海洋文化产业现状分析与对策思考[J].海洋开发与理.2011,(3):90-94

[14] 朱旭光.长三角文化产业集群模式的三维分析[J].经济论坛,2009,(2):52-55

[15] Korea Cultural Policy Institute (KCPI), Developing Cultural District Model to Vitalize City by Cultural Resources. Seoul: KCPI (in Korean), 1999.

[16] 王乾厚. 文化产业规模经济与文化企业重组并购行为 [J]. 河南大学学报（社会科学版）2009-11-30.

[17] 邹桂斌. 海洋文化产业发展和社会治理策略初探 [G]. 中国海洋学会2007年学术年会论文集（下册），2007-12-01.

[18] 顾江. 文化产业经济学 [J]. 南京：南京大学出版社，2007：33.

[19] 李炎. 文化产业实现产业化的可能及途径的理论思考 [J]. 民族艺术研究，2003-10-08；

[20] ［美］迈克尔·波特. 国家竞争优势 [M]. 北京：华夏出版社，1999.

第四章
海洋文化产业分类

一、术语与定义

海洋文化产业是从事海洋文化产品的研发、制造、营销的行业。

二、分类原则

（一）总原则

在海洋文化产品研发设计、加工制作、营销领域内，以海洋文化为基础、以现代媒体数字技术为主导、以海洋文化产品为依托，对海洋文化产业进行分类。

（二）产业链领域划分原则

海洋文化产品领域的划分按照全面性原则，全面涵盖海洋文化产品的创意设计、加工－制造－组装、营销与品牌的各个领域。

（三）产业划分原则

海洋文化产业的划分按照海洋文化经济活动同质性原则进行分类，也即每一个行业类别都按照相同性质的经济活动归类。

三、编码方法与编码结构

（一）编码方法

将海洋文化产业划分为海洋文化产品生产环节、产业类、产业中类、产业行业四级。具体编码方法为：

（1）海洋文化产品生产环节采用中文数字编码，也即用中文序号"一""二""三"代表不同生产环节；

（2）产业类、产业中类、产业行业采用阿拉伯数字编码，并依据等级制和完全十进制，采用三层四位阿拉伯数字表示，类编码由前两位数字组成，采用层次编码法和数字顺序编码法，从"01"开始依据大类分类体系的排列次序按升序编码。中类由前三位数字组成，第三位为中类的顺序码。小类由四位数组成，第四位为小类的顺序码、中、小类的顺序码分别由"1"开始，按升序排列最大编到"9"。

（二）代码结构

代码结构如图 4-1 所示：

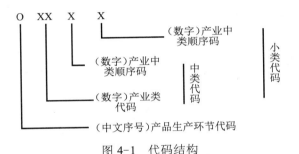

图 4-1　代码结构

四、海洋文化产业分类代码表

海洋文化产业分为 9 个海洋文化产业领域，22 个产业中类，105 个产业小类。海洋文化产业分类代码表见表 4-1。

表 4-1　海洋文化产业分类

海洋文化产品生产环节	产业代码		产业类别名称	说明
	类	中类		
一、海洋文化产品的研发设计				
01 海洋教育与科研	011		海洋教育	
		0111	海洋中等教育	
		01111	海洋中等专业教育	
		01112	海洋中等职业教育	
		01113	海洋技工学校教育	

海洋文化产品生产环节	产业代码		产业类别名称	说明
	类	中类		
01 海洋教育与科研	011	0112	海洋高等教育	
		01121	海洋普通高等教育	
		01122	海洋成人高等教育	
		0113	海洋职业教育	
		01131	海洋职业教育	
		01132	海洋技能培训	
	012		海洋科学研究	
		0121	海洋基础科学研究	
		01211	海洋自然科学研究	
		01212	海洋社会科学研究	
		01213	海洋农业科学研究	
		01214	海洋生物医药研究	
		0122	海洋工程技术研究	
		01221	海洋化学工程技术研究	
		01222	海洋生物工程技术研究	
		01223	海洋交通运输工程技术研究	
		01224	海洋能源开发技术研究	
		01225	海洋环境工程技术研究	
		01226	河口水利工程技术研究所	
		01227	其他海洋工程技术研究	
	013		海洋技术服务	
		0131	海洋专业技术服务	
		01311	海洋测绘服务	
		01312	海洋技术检测	
		01313	海洋开发评估服务	
		01314	海洋调查与科学考察服务	
		01315	其他海洋专业技术服务	
		0132	海洋工程技术服务	
		01321	海洋工程管理服务	

海洋文化产品生产环节	产业代码		产业类别名称	说明
	类	中类		
01 海洋教育与科研	013	01322	海洋工程勘察设计	
		01323	海洋工程作业服务	
		0133	海洋科技交流与服务推广	
		01331	海洋技术推广服务	
		01332	海洋科技交流服务	
02 海洋创意与设计	021		海洋出版与发行	
		0211	海洋新闻业	
		0212	海洋出版业	
		02121	海洋图书出版	
		02122	海洋报纸出版	
		02123	海洋期刊出版	
		02124	海洋音像品出版	
		02125	海洋电子出版物出版	
		0213	海洋发行服务	
		02131	海洋图书批发	
		02132	海洋报刊批发	
		02133	海洋音像制品及电子出版物批发	
		02134	海洋图书报刊零售	
		02135	海洋音像制品及电子出版物零售	
	022		海洋文艺创作与展览	
		0221	海洋文学创作	
		0222	海洋动态艺术创作	
		02221	海洋舞蹈创作	
		02222	海洋影视创作	
		02223	海洋戏曲创作	
		02224	海洋音乐创作	
		02225	海洋摄影创作	
		0223	海洋静态艺术创作	
		02231	海洋雕塑创作	

海洋文化产品生产环节	产业代码		产业类别名称	说明
	类	中类		
02 海洋创意与设计	022	02232	海洋建筑创作	
		02233	海洋绘画创作	
		02234	海洋工艺品创作	
	023		海洋数字媒体创作	
		0231	海洋广告业	
		0232	海洋文化网络与软件设计	
		02321	海洋互联网页设计与编辑	
		02322	海洋软件设计、编制、分析与测试	
		02323	海洋专业数据库设计	
		0233	海洋多媒体设计	
		02331	海洋多媒体开发	
		02332	海洋动漫与游戏软件设计	
		02333	其他海洋数字内容载体设计	
二、海洋文化产品的制造与组装				
03 海洋工艺品与文化用品的生产	031		海洋工艺品制造	
		0311	海洋旅游工艺品制造	
		0312	海洋饰品制造	
		0313	其他海洋工艺品制作	
	032		海洋文化用品制造	
		0321	海洋玩具制造	
		0322	海洋旅游娱乐设备制造	
		03221	海洋游乐场所设备制造	
		03222	海上游乐专用设备制造	
		0323	海洋竞技体育器材制造	
		03231	海洋竞技体育器材及配件制造	
		03232	海洋训练建设器材制造	
		03233	海洋运动防护用具制造	
04 海洋旅游活动的生产	041		海洋休闲与娱乐	
		0411	海洋休闲渔业	

海洋文化产品生产环节	产业代码		产业类别名称	说明
	类	中类		
04 海洋旅游活动的生产	041	04111	海洋渔家乐	
		04112	体验性海洋渔业	
		0412	海洋休闲体育	
		04121	大众海钓	
		04122	海洋浴场	
		04123	海面休闲娱乐	
		04124	海底休闲娱乐	
		04125	其他海洋休闲健身活动	
		0413	海洋游乐园	
		0414	海洋沙雕	
	042		海洋竞技体育	
		0421	海洋竞技体育组织	
		0422	海洋竞技体育培训	
	043		海洋旅游区	
		0431	海洋风景名胜区	
		0432	海洋自然保护区	
		0433	海洋宗教建筑群景区	
05 海洋文艺活动的生产	051		海洋文艺的制造与展览	
		0511	海洋文艺展览	
		05111	海洋图书馆	
		05112	海洋档案馆	
		05113	海洋博物馆	
		05114	海洋纪念馆	
		05115	海洋遗址/遗迹公园	
		05116	海洋水族馆	
		05117	海洋表演场馆/剧院	
		05118	海洋（永久性）展览馆	
	052	0521	海洋数字内容产品制造	
		05211	海洋图书期刊报纸排版与印刷	

海洋文化产品生产环节	产业代码		产业类别名称	说明
	类	中类		
05 海洋文艺活动的生产	052	05212	海洋动态艺术的摄像及其批量复制	
		05213	海洋多媒体软件生产	
	053	0531	群众性海洋文艺活动	
		05311	民间海洋文艺演出	
		05312	民间海洋民俗表演	
		05313	民间海洋产品展览	
06 海洋文化产品的行政活动	061	0611	海洋社会团体组织	
		06111	行业性海洋社会团体	
		06112	专业性海洋社会团体	
	062	0621	海洋文化的行政	
		06211	海洋文化产品的知识产权管理	
		06212	海洋文化企业的工商管理	
三、海洋文化产品的营销				
07 海洋文化产品的市场服务	071	0711	海洋文化版权服务	
		07111	海洋知识产权代理、转让、登记、评估、认证、检索与咨询服务	
		07112	海洋文艺作品的鉴定、拍卖	
		07113	海洋文物的鉴定与拍卖	
		0712	海洋文化产品的会展服务	
		07121	海洋节庆服务	
		07122	海洋会议会展服务	
		0713	海洋文化产品的金融服务	
		07131	海洋文化产品的收藏	
		07132	海洋文化产品的期货	
		07133	海洋文化产品的证券	
	072	0721	海洋文化产品的科技服务	
		07211	海洋文化产品的科技推广服务	
		07212	海洋文化产品的科技中介服务	

海洋文化产品生产环节	产业代码		产业类别名称	说明
	类	中类		
07 海洋文化产品的市场服务	073	0731	海洋文化产品的市场调查与咨询服务	
		07311	海洋文化产品的市场调查	
		07312	海洋文化产品的策划与咨询	
	074	0741	海洋文化产品贸易服务	
		07411	海洋文化产品国内贸易代理	
		07412	海洋文化产品全球贸易代理	
08 民间海洋特色文化的市场服务	081	0811	海洋婚庆服务	
		0812	海葬服务	
		0813	海洋祭祀服务	
09 海洋旅游服务	091	0911	海洋旅游住宿服务	
		09111	海洋旅游饭店	
		09112	海洋旅游旅馆	
		09113	其他海洋住宿	
		0912	海洋旅游经营服务	
		09121	旅行社服务	
		09122	海洋类旅游景区管理	
		09123	海洋主题旅游服务	
		0913	海洋旅游产品批发与零售	
		09131	海洋旅游日用品零售	
		09132	海洋旅游饮食饮料零售	
		09133	海洋旅游服装服饰零售	
		09134	海洋旅游工艺品零售	
		09135	海洋旅游专门设备零售与租赁	

第五章
海洋文化产业统计指标体系

一、海洋文化产业统计指标的设置原则

（一）与国民经济核算体系相衔接，以增加值为核心

国民经济核算体系能够综合反映一个国家或地区的生产成果，从流量和存量两个方面反映社会产品的生产、分配和使用的全过程。国民经济核算体系是国际上大多数国家通用的一种核算方法，具有国际可比性。海洋文化产业作为我国国民经济的重要组成部分，其关联性强、涉及面广，与其他产业存在相互依存、相互独立的关系。因此，海洋文化产业统计作为国民经济核算的一个重要组成部分，其统计指标体系必须与国民经济核算体系相衔接。

增加值是国民经济各部门、单位在一定时期内新创造的价值和固定资产转移价值，反映了各部门或单位社会经济活动的最终成果。各部门和单位的增加值相加就形成该地区的地区生产总值。因此，增加值是地区生产总值的同度量指标。将增加值作为海洋文化产业统计的核心指标，有助于与国民经济核算体系接轨，并反映海洋文化产业总量规模、发展水平以及在整个国民经济中的地位与作用，有助于与国内外资料、各行业资料进行同度量对比。

（二）统计指标的设置力求科学、简便、灵活以及具有可操作性

海洋文化产业统计还处于探索研究阶段。因此，在统计指标的选择上不能过于烦琐，计算方法应科学、简便、易行。要尽可能利用现有国家统计制度和业务主管部门的统计、会计、业务资料，在此基础上选择一些有代表性的综合指标

和主要指标,从而达到易于采集、加工、应用的目的,提高可操作性。

(三)统计指标的设置应考虑海洋文化自身的特点

作为反映海洋文化产业发展变化的依据,统计指标体系的设置还应能反映海洋文化产业的特点。因此,在指标的设置上不仅要有价值量指标,还要有反映生产(业务)活动的实物量指标,以能比较全面地反映海洋文化产业的全貌。

二、海洋文化产业统计指标体系的设置

总体设想海洋文化产业统计指标由三部分组成:一是反映海洋文化产业综合水平和整体实力的价值量指标;二是反映海洋文化产业不同侧面的实物量指标;三是与本地区海洋文化产业发展有一定联系的国民经济其他相关指标。

(一)反映海洋文化产业总体状况的价值量指标

反映海洋文化产业总体状况的价值量指标包括总产出和增加值两个指标。

(1)海洋文化产业总产出是反映一定时期内本地区海洋文化产业总体发展规模和水平的总量指标。它是指海洋文化产业单位生产的所有货物和服务的价值,既包括新增价值,也包括转移价值。行业不同,总产出的计算方法也不同。

(2)海洋文化产业增加值是海洋文化各单位在一定时期内新创造的价值之和,反映了海洋文化产业的生产经营(业务)活动的最终成果。

从生产的角度来看,增加值等于总产出扣除中间消耗后的差额,其计算公式为:增加值 = 总产出 − 中间消耗。

从分配的角度看,是海洋文化单位的劳动者报酬、生产税净额、固定资产折旧、营业盈余之和,其计算公式为:增加值 = 劳动者报酬 + 固定资产折旧 + 生产税净额 + 营业盈余。

(二)反映海洋文化产业不同侧面的实物量统计指标

为了便于资料的可取得性,实物量统计指标主要来自各业务主管部门现有的统计资料,主要包括以下 200 多个统计指标(表 5-1)。

表 5-1　海洋文化产业实物量统计指标

指　标	单位	实物量资料提供单位
海洋教育		滨海省份／滨海地级市教育局 当前源自《中国海洋统计年鉴》

指　标	单位	实物量资料提供单位
滨海地级市(滨海省省会城市)各海洋专业博士研究生情况		
# 专业点数	个	
# 学生数		
## 毕业生	人	
## 招生	人	
## 在校生	人	
## 毕业班学生	人	
滨海地级市(滨海省省会城市)各海洋专业硕士研究生情况		
# 专业点数	个	
# 学生数		
## 毕业生	人	
## 招生	人	
## 在校生	人	
## 毕业班学生	人	
滨海地级市(滨海省省会城市)普通高等教育各海洋专业本科学生情况		
# 专业点数	个	
# 学生数		
## 毕业生	人	
## 招生	人	
## 在校生	人	
## 毕业班学生	人	
滨海地级市(滨海省省会城市)普通高等教育各海洋专业专科学生情况		
# 专业点数	个	
# 学生数		
## 毕业生	人	
## 招生	人	
## 在校生	人	

指　　　标	单位	实物量资料提供单位
## 毕业班学生	人	
滨海地级市（滨海省省会城市）成人高等教育各海洋专业本科学生情况		
# 专业点数	个	
# 学生数		
## 毕业生	人	
## 招生	人	
## 在校生	人	
## 毕业班学生	人	
滨海地级市（滨海省省会城市）成人高等教育各海洋专业专科学生情况		
# 专业点数	个	
# 学生数		
## 毕业生	人	
## 招生	人	
## 在校生	人	
## 毕业班学生	人	
滨海地级市（滨海省省会城市）中等职业教育各海洋专业学生情况		
# 专业点数	个	
# 学生数		
## 毕业生	人	
## 招生	人	
## 在校生	人	
## 毕业班学生	人	
滨海地级市（滨海省省会城市）开设海洋专业高等学校教职工数		
# 机构数	个	
# 教职工数	人	
# 专任教师数	人	

指　标	单位	实物量资料提供单位
海洋科学研究		滨海省份／滨海地级市教育局 当前源自中国海洋统计年鉴
滨海地级市(滨海省省会城市)分行业海洋科研机构及人员情况		
# 机构数	个	
## 海洋基础科学研究(海洋自然科学、海洋社会科学、海洋农业科学、海洋生物医药)	个	
## 海洋工程技术研究(海洋化学工程技术、海洋生物工程技术、海洋交通运输工程技术、海洋能源开发技术、海洋环境工程技术、河口水利工程技术、其他海洋工程技术)	个	
## 海洋信息服务	个	
## 海洋技术服务业	个	
# 从业人员	人	
## 海洋基础科学研究(海洋自然科学、海洋社会科学、海洋农业科学、海洋生物医药)	人	
## 海洋工程技术研究(海洋化学工程技术、海洋生物工程技术、海洋交通运输工程技术、海洋能源开发技术、海洋环境工程技术、河口水利工程技术、其他海洋工程技术)	人	
## 海洋信息服务业	人	
## 海洋技术服务业	人	
滨海地级市(滨海省省会城市)分行业海洋科研机构科技活动人员学历构成		
# 科技活动人员		

指　　标	单位	实物量资料提供单位
## 博士(海洋自然科学、海洋社会科学、海洋农业科学、海洋生物医药)(海洋化学工程技术、海洋生物工程技术、海洋交通运输工程技术、海洋能源开发技术、海洋环境工程技术、河口水利工程技术、其他海洋工程技术)(海洋信息服务业)(海洋技术服务业)	人	
## 硕士(海洋自然科学、海洋社会科学、海洋农业科学、海洋生物医药)(海洋化学工程技术、海洋生物工程技术、海洋交通运输工程技术、海洋能源开发技术、海洋环境工程技术、河口水利工程技术、其他海洋工程技术)(海洋信息服务业)(海洋技术服务业)	人	
## 本科(或大学)(海洋自然科学、海洋社会科学、海洋农业科学、海洋生物医药)(海洋化学工程技术、海洋生物工程技术、海洋交通运输工程技术、海洋能源开发技术、海洋环境工程技术、河口水利工程技术、其他海洋工程技术)(海洋信息服务业)(海洋技术服务业)	人	
## 大专(海洋自然科学、海洋社会科学、海洋农业科学、海洋生物医药)(海洋化学工程技术、海洋生物工程技术、海洋交通运输工程技术、海洋能源开发技术、海洋环境工程技术、河口水利工程技术、其他海洋工程技术)(海洋信息服务业)(海洋技术服务业)	人	
滨海地级市(滨海省省会城市)分行业海洋科研机构科技活动人员职称构成		
# 科技活动人员		
## 高级职称(海洋自然科学、海洋社会科学、海洋农业科学、海洋生物医药)(海洋化学工程技术、海洋生物工程技术、海洋交通运输工程技术、海洋能源开发技术、海洋环境工程技术、河口水利工程技术、其他海洋工程技术)(海洋信息服务业)(海洋技术服务业)	人	

指　标	单位	实物量资料提供单位
##中级职称(海洋自然科学、海洋社会科学、海洋农业科学、海洋生物医药)(海洋化学工程技术、海洋生物工程技术、海洋交通运输工程技术、海洋能源开发技术、海洋环境工程技术、河口水利工程技术、其他海洋工程技术)(海洋信息服务业)(海洋技术服务业)	人	
##初级职称(海洋自然科学、海洋社会科学、海洋农业科学、海洋生物医药)(海洋化学工程技术、海洋生物工程技术、海洋交通运输工程技术、海洋能源开发技术、海洋环境工程技术、河口水利工程技术、其他海洋工程技术)(海洋信息服务业)(海洋技术服务业)	人	
滨海地级市(滨海省省会城市)分行业海洋科研机构经费收入		
经费收入总额	万元	
经常费(海洋自然科学、海洋社会科学、海洋农业科学、海洋生物医药)(海洋化学工程技术、海洋生物工程技术、海洋交通运输工程技术、海洋能源开发技术、海洋环境工程技术、河口水利工程技术、其他海洋工程技术)(海洋信息服务业)(海洋技术服务业)	万元	
科技活动借贷款(海洋自然科学、海洋社会科学、海洋农业科学、海洋生物医药)(海洋化学工程技术、海洋生物工程技术、海洋交通运输工程技术、海洋能源开发技术、海洋环境工程技术、河口水利工程技术、其他海洋工程技术)(海洋信息服务业)(海洋技术服务业)	万元	

指　标	单位	实物量资料提供单位
基本建设种养政府投资(海洋自然科学、海洋社会科学、海洋农业科学、海洋生物医药)(海洋化学工程技术、海洋生物工程技术、海洋交通运输工程技术、海洋能源开发技术、海洋环境工程技术、河口水利工程技术、其他海洋工程技术)(海洋信息服务业)(海洋技术服务业)	万元	
滨海地级市(滨海省省会城市)分行业海洋科研机构科技课题情况		
课题数(海洋自然科学、海洋社会科学、海洋农业科学、海洋生物医药)(海洋化学工程技术、海洋生物工程技术、海洋交通运输工程技术、海洋能源开发技术、海洋环境工程技术、河口水利工程技术、其他海洋工程技术)(海洋信息服务业)(海洋技术服务业)	个	
基础研究(海洋自然科学、海洋社会科学、海洋农业科学、海洋生物医药)(海洋化学工程技术、海洋生物工程技术、海洋交通运输工程技术、海洋能源开发技术、海洋环境工程技术、河口水利工程技术、其他海洋工程技术)(海洋信息服务业)(海洋技术服务业)	个	
应用研究(海洋自然科学、海洋社会科学、海洋农业科学、海洋生物医药)(海洋化学工程技术、海洋生物工程技术、海洋交通运输工程技术、海洋能源开发技术、海洋环境工程技术、河口水利工程技术、其他海洋工程技术)(海洋信息服务业)(海洋技术服务业)	个	
试验发展(海洋自然科学、海洋社会科学、海洋农业科学、海洋生物医药)(海洋化学工程技术、海洋生物工程技术、海洋交通运输工程技术、海洋能源开发技术、海洋环境工程技术、河口水利工程技术、其他海洋工程技术)(海洋信息服务业)(海洋技术服务业)	个	

指　标	单位	实物量资料提供单位
成果应用(海洋自然科学、海洋社会科学、海洋农业科学、海洋生物医药)(海洋化学工程技术、海洋生物工程技术、海洋交通运输工程技术、海洋能源开发技术、海洋环境工程技术、河口水利工程技术、其他海洋工程技术)(海洋信息服务业)(海洋技术服务业)	个	
科技服务(海洋自然科学、海洋社会科学、海洋农业科学、海洋生物医药)(海洋化学工程技术、海洋生物工程技术、海洋交通运输工程技术、海洋能源开发技术、海洋环境工程技术、河口水利工程技术、其他海洋工程技术)(海洋信息服务业)(海洋技术服务业)	个	
滨海地级市(滨海省省会城市)分行业海洋科研机构科技论著情况		
发表科技论文(海洋自然科学、海洋社会科学、海洋农业科学、海洋生物医药)(海洋化学工程技术、海洋生物工程技术、海洋交通运输工程技术、海洋能源开发技术、海洋环境工程技术、河口水利工程技术、其他海洋工程技术)(海洋信息服务业)(海洋技术服务业)	篇	
＃国外发表(海洋自然科学、海洋社会科学、海洋农业科学、海洋生物医药)(海洋化学工程技术、海洋生物工程技术、海洋交通运输工程技术、海洋能源开发技术、海洋环境工程技术、河口水利工程技术、其他海洋工程技术)(海洋信息服务业)(海洋技术服务业)	篇	
出版科技著作(海洋自然科学、海洋社会科学、海洋农业科学、海洋生物医药)(海洋化学工程技术、海洋生物工程技术、海洋交通运输工程技术、海洋能源开发技术、海洋环境工程技术、河口水利工程技术、其他海洋工程技术)(海洋信息服务业)(海洋技术服务业)	种	

指　标	单位	实物量资料提供单位
滨海地级市(滨海省省会城市)分行业海洋科研机构科技专利情况		
专利申请受理数(海洋自然科学、海洋社会科学、海洋农业科学、海洋生物医药)(海洋化学工程技术、海洋生物工程技术、海洋交通运输工程技术、海洋能源开发技术、海洋环境工程技术、河口水利工程技术、其他海洋工程技术)(海洋信息服务业)(海洋技术服务业)	件	
# 发明专利(海洋自然科学、海洋社会科学、海洋农业科学、海洋生物医药)(海洋化学工程技术、海洋生物工程技术、海洋交通运输工程技术、海洋能源开发技术、海洋环境工程技术、河口水利工程技术、其他海洋工程技术)(海洋信息服务业)(海洋技术服务业)	件	
专利授权数(海洋自然科学、海洋社会科学、海洋农业科学、海洋生物医药)(海洋化学工程技术、海洋生物工程技术、海洋交通运输工程技术、海洋能源开发技术、海洋环境工程技术、河口水利工程技术、其他海洋工程技术)(海洋信息服务业)(海洋技术服务业)	件	
# 发明专利(海洋自然科学、海洋社会科学、海洋农业科学、海洋生物医药)(海洋化学工程技术、海洋生物工程技术、海洋交通运输工程技术、海洋能源开发技术、海洋环境工程技术、河口水利工程技术、其他海洋工程技术)(海洋信息服务业)(海洋技术服务业)	件	
拥有发明专利总数(海洋自然科学、海洋社会科学、海洋农业科学、海洋生物医药)(海洋化学工程技术、海洋生物工程技术、海洋交通运输工程技术、海洋能源开发技术、海洋环境工程技术、河口水利工程技术、其他海洋工程技术)(海洋信息服务业)(海洋技术服务业)	件	

指　　标	单位	实物量资料提供单位
滨海地级市(滨海省省会城市)分行业海洋科研机构 R&D 情况		
R&D 人员(海洋自然科学、海洋社会科学、海洋农业科学、海洋生物医药)(海洋化学工程技术、海洋生物工程技术、海洋交通运输工程技术、海洋能源开发技术、海洋环境工程技术、河口水利工程技术、其他海洋工程技术)(海洋信息服务业)(海洋技术服务业)	人	
R&D 经费内部支出(海洋自然科学、海洋社会科学、海洋农业科学、海洋生物医药)(海洋化学工程技术、海洋生物工程技术、海洋交通运输工程技术、海洋能源开发技术、海洋环境工程技术、河口水利工程技术、其他海洋工程技术)(海洋信息服务业)(海洋技术服务业)	万元	
R&D 经费课题数(海洋自然科学、海洋社会科学、海洋农业科学、海洋生物医药)(海洋化学工程技术、海洋生物工程技术、海洋交通运输工程技术、海洋能源开发技术、海洋环境工程技术、河口水利工程技术、其他海洋工程技术)(海洋信息服务业)(海洋技术服务业)	项	
海洋出版与发行		滨海市(含滨海省份省会城市)文新广电局 目前可以根据《文化及相关产业 2012》统计办法以滨海地级市为单元统计
海洋新闻报道数	篇	
海洋图书出版数	种	
海洋报纸出版数	种	
海洋期刊出版数	种	
海洋音像品出版	种	
海洋电子出版物出版	种	
海洋图书批发码洋	码洋	
海洋报刊发行量	码洋	

指　　标	单位	实物量资料提供单位
海洋音像制品及电子出版物批发	码洋	
海洋图书报刊零售	码洋	
海洋音像制品及电子出版物零售	码洋	
海洋文学创作作品数	部	
海洋舞蹈创作作品数	台	
海洋影视创作作品数	部	
海洋戏曲创作作品数	部	
海洋音乐创作作品数	首	
海洋摄影创作作品数	部	
海洋雕塑创作作品数	件	
海洋建筑创作作品数	件	
海洋绘画创作作品数	帧	
海洋工艺品创作作品数（可按专利申请量统计）	件	
海洋数字媒体创作作品数	套	
海洋互联网页设计与编辑作品数	套	
海洋软件设计、编制、分析与测试	件	
海洋专业数据库设计作品数	件	
海洋多媒体开发	套	
海洋动漫与游戏软件设计	套	
其他海洋数字内容载体设计	套	

（三）海洋经济或国民经济其他相关统计指标

设置海洋经济或国民经济其他相关统计指标的目的是为了反映涉海地区（海洋）经济发展总体情况，建立与海洋文化产业的相关关系。比如设置地区生产总值（GDP），就可以了解该涉海地区海洋文化产业增加值占 GDP 的比重等等（表 5-2）。

表 5-2　国民经济其他相关指标

指标名称	单位	资料提供单位
地区生产总值	亿元	统计局
第一产业增加值	亿元	统计局
第二产业增加值	亿元	统计局
第三产业增加值	亿元	统计局
社会消费品零售总额	亿元	统计局
固定资产投资额	亿元	统计局
涉海基础设施投资额	亿元	发改委
涉海产业投资额	亿元	发改委
财政总收入	亿元	财政厅
公共财政预算收入	亿元	财政厅
税收总收入	亿元	国税局、地税局
进出口总额	亿元	海关
出口额	亿元	海关
城镇居民家庭人均可支配收入	元	国家统计局 ## 调查总队
农村居民家庭人均纯收入	元	国家统计局 ## 调查总队
核定渔民人均纯收入	元	海洋与渔业局

三、重点海洋文化产业行业增加值的测算思路

（一）总体思路

海洋文化产业统计具有范围广、涉及面宽，又具有行业统计的特点。因此，海洋文化产业增加值统计指标的采集应采用全面调查、重点调查与科学推算相结合的办法进行，既依靠现有行业统计资料，包括各部门、各单位的统计、财务、业务资料，又对不足部分进行小型抽样调查和重点调查。

（二）具体策略

1. 海洋文化产品研发与设计的资料采集与测算

由海洋教育与科研、海洋创意与设计两大类组成，其中海洋创意与设计是主要组成部分。海洋教育与科研取自《中国海洋统计年鉴》，其直接资料来源于沿海城市（含沿海省会城市）教育行政主管部门的统计资料。

海洋创意与设计大类包括海洋出版与发行、海洋文艺创作与展览、海洋数字媒体创作三中类,其中海洋出版与发行的原创作品(图书、期刊、报纸、新闻报道、摄影、电子影像作品等)可取自沿海城市(含沿海省会城市)文化新闻版权行政主管部门的统计资料;海洋文艺创作与展览的作品数可取自沿海城市(含沿海省会城市)的文联及其下辖专业行业协会(作家界、戏剧界、音乐界、舞蹈界、美术界、书法界、摄影界、曲艺界、杂技界、影视界、网络小说家界等)组织的相关统计资料;海洋数字媒体创作作品件数可取自经济普查中的第三产业卷。

2. 海洋文化产品制造与组装资料的采集和测算

海洋文化产品制造与组装由海洋工艺品与文化用品的生产、海洋旅游活动的生产、海洋文艺活动的生产、海洋文化产品的行政活动四大类组成。

（1）海洋工艺品与文化用品的总产出和增加值分规模以上工业企业、规模以下工业企业和个体户 3 部分测算。

在经济普查年度,规模以上工业企业和规模以下工业企业直接利用按行业小类划分的财务资料测算;个体户以分大类的总产出和增加值为基础,以规模以下工业企业分行业小类的比重推算个体户分小类的数据。在非经济普查年度,规模以上工业可直接利用工业统计年报财务资料计算分行业小类增加值;规模以下工业企业及个体户则通过抽样调查资料计算分行业大类增加值,再按普查年度规模以下工业企业各行业小类比重进行推算。

测算出海洋工艺品与文化用品分小类的总产出和增加值之后,还需通过专业统计数据或抽样调查、重点调查资料确定一些行业的剥离系数,计算其中属于海洋经济的部分。剥离系数确定方法:① 利用工业生产报表,从一个行业小类中分离出生产海洋相关产品的产值,计算其占整个行业的比重;② 利用投入产出表,计算某一行业对海洋相关行业的投入占其总产出的比重。

（2）滨海旅游业总产值和增加值数据的测算。

首先要利用滨海县(市)的海洋休闲与娱乐场所面积、类型及其年度接待游客人次、门票收入等,测算海洋旅游活动占全县(市／区)旅游业比重,并以此为基础测算全省的滨海旅游业总收入、接待国内外游客人次等。

在省级层面,滨海旅游业不仅指国民经济行业分类标准中的旅游业,它是一个综合性的产业,其总产值和增加值测算涉及滨海旅游的"吃、住、行、游、购、娱"六要素。要分别测算滨海旅游产业相关行业的总产值和增加值。也即以全省旅游产业的有关测算资料为依据,搜集沿海城市的旅游资料(如沿海城市的交通运输业占全省比重、沿海城市的住宿餐饮业占全省比重、沿海城市的零售业占全省比重等),沿海城市的旅游产业推算数据,再根据抽样调查等资料确定剥离系数,推算沿海城市的滨海旅游产业总产值和增加值。

(3)海洋文艺活动的产值和增加值的测算。

海洋文艺活动的生产主要是提供海洋动态艺术或海洋静态艺术的场馆,如影剧院、水族馆、图书馆、展览馆等,因此统计时根据经济普查年度相关法人企业、个体户及其经营文艺展演活动场次(含票房等)进行测算。按照经济普查年度 GDP 核算方案的要求,分别测算出法人企业、个体户的文艺生产业务额度。其中涉海部分利用抽样调查和重点调查资料确定剥离系数。在非经济普查年度,主要利用服务业调查年报财务资料等专业统计数据和部门统计相关指标测算海洋文艺活动生产总产出和增加值数据。

(4)海洋文化产品行政活动资料的采集和测算。

根据基本单位普查及其单位"三定"核查沿海市(县/区)两级的海洋文化产品的行政部门,并按单位年度大事记确定其海洋产业产品的行政执法事件数量。

3. 海洋文化产品营销资料的采集、产值及增加值的测算

海洋文化产品营销主要包括海洋文化产品的市场服务、民间海洋特色文化的市场服务、海洋旅游的服务三大类。

在经济普查年度,按执行企业会计制度、执行行政事业会计制度和个体户分别搜集这些行业的财务资料,并按普查年度 GDP 核算方案的要求进行测算。在非经济普查年度,限额以上法人单位资料主要取自服务业统计年报财务资料,限额以下及个体户资料利用抽样调查资料以及经济普查资料进行推算。测算出分行业的总产出和增加值后,再根据抽样调查或重点调查资料确定行业的剥离系数,分离出海洋服务业的总产出和增加值。在非经济普查年度,利用年报财务资料先测算出限额以上、限额以下及个体户的批发零售业总产出和增加值,再利用普查年度涉海的批发零售业所占比重进行推算。

以海洋批发和零售业资料的采集和测算为例说明。海洋批发和零售业主要是指海洋商品在流通过程中的批发活动和零售活动。其总产出和增加值的测算,需按限额以上批发和零售企业、限额以下批发和零售企业、个体户分别

测算。在经济普查年度,限额以上批发零售企业和限额以下批发零售企业直接依据按行业小类划分的财务资料测算;个体户以分门类的总产出和增加值为基础,以限额以下批发零售企业分行业小类的比重推算个体户分小类的数据。在此基础上,根据抽样调查或重点调查资料,确定涉海批发零售业的比例系数。在非经济普查年度,利用年报财务资料先测算出限额以上、限额以下及个体户的批发零售业总产出和增加值,再利用普查年度涉海的批发零售业所占比重进行推算。

第六章
海洋文化产业专项调查方案框架设计

一、设计海洋文化产业专项统计调查方案的背景与目的

近些年来,我国的海洋及海洋文化产业得到了快速的发展。为了掌握海洋文化产业的发展状况,我国已相继出现相关的专项统计调查,但由于统计指标体系各异,统计口径不一,影响了对我国海洋文化产业发展状况的整体认识和地区间的比较。

2014 年 8 月,文化部、财政部联合印发了《关于推动特色文化产业发展的指导意见》,它的出台将更好地推动特色文化产业健康快速发展。"中国海洋文化产业及相关产业专项调查方案框架"的设计目的在于为各省市的海洋文化产业专项统计工作提供一个指导性的方案框架,达到统一指标、统计范围、统一口径的目的,使各地的统计结果具有可比性,以便汇总出全国海洋文化产业的统计数据,更好地反映我国海洋文化产业的整体状况。

二、设计的指导思想

(一)按照海洋文化经济活动同质性原则进行产业分类

在本方案中,海洋文化产业按照海洋文化经济活动同质性原则进行分类,也即每一个行业类别都按照相同性质的经济活动归类。

（二）注重可操作性

本方案主要用于海洋文化产业专项调查,调查指标应是在现有基础上可以取得的数据,因此需要充分考虑海洋文化产业的现有统计基础和数据的可取得性。

（三）注重与现行统计制度和会计制度的统一

为了尽可能地利用现有资料,本方案选用的指标尽量与我国现行的统计制度、会计制度,特别是财务指标相对应,尽可能选用现行统计制度或者第一次经济普查时所使用的指标,或者与会计科目相对应。

（四）调查结果能反映出海洋文化产业的基本情况

在上述基础上,最基本的要求是调查应该能反映海洋文化产业的规模、结构及对国民经济的贡献。此外,在充分考虑数据可得性的前提下,尽可能反映海洋文化产品的研发设计、海洋文化产品的制造与组装、海洋文化产品的营销等海洋文化产业的主要业务活动成果。

三、海洋文化及相关产业的内涵、外延和专项调查的范围

鉴于本书所研究的"海洋文化产业"指"海洋文化产业是从事海洋文化产品的研发、制造、营销的行业。"根据本书的研究成果,海洋文化及相关产业的外延主要是前文所列的各类产业活动,海洋文化产业活动的调查范围包括以下9个分领域。

（一）海洋文化产品的研发设计

01 海洋教育与科研。

02 海洋创意与设计。

（二）海洋文化产品的制造与组装

03 海洋工艺品与文化用品的生产。

04 海洋旅游活动的生产。

05 海洋文艺活动的生产。

06 海洋文化产品的行政活动。

（三）海洋文化产品的营销

07 海洋文化产品的市场服务。

08 民间海洋特色文化的市场服务。

09 海洋旅游服务。

在具体的实施过程中,应该根据各地的实际情况,对各类对象分别采用全面的调查、抽样调查或者根据典型调查进行估算等方法实现。

四、统计指标——规模与贡献指标、财务指标、业务活动与 效果指标

在本书设置的指标体系中,主要包括规模与贡献指标、财务指标、业务活动与效果指标、对外经济指标、补充指标等五类指标。具体如下。

（一）规模与贡献指标

增加值。

单位数。

从业人员平均年龄。

（二）财务指标

1. 企业

（1）资产负债。

资产总计

固定资产原价

累计折旧

本期折旧

负债合计

实收资本

其中:国家资本

集体资本

法人资本

个人资本

港澳台资本

外商资本

（2）损益及分配。

主营业务收入

主营业务成本

主营业务税金及附加

营业费用

管理费用

财务费用

营业利润

利润总和

（3）其他。

从业人员劳动报酬

劳动失业保险费

2. 行政、事业单位

（1）资产负债。

资产总计

固定资产原价

负债合计

（2）收入与支出。

本年收入合计

其中：财政拨款

上级补助收入

事业收入

营业收入

本年支出合计

其中：人员支出

公用支出

对个人和家庭补助支出

收支结余

（3）经营税金。

3. 民间非营利组织

（1）资产与净资产。

资产总计

固定资产原价

累计折旧

负债合计

净资产合计

      其中：界定性净资产

         非限定性净资产

（2）收入与费用。

收入合计

      其中：捐赠收入

         会费收入

         提供服务收入

         政府补助收入

         商品销售收入

         投资收益

         其他收入

费用合计

      其中：业务活动成本

         管理费用

         筹资费用

         其他费用

4. 个体经营户

固定资产原价

营业收入

营业支出

      其中：雇员报酬

         缴纳各种税金和费用

（三）业务活动与效果指标

1. 海洋教育与科研

（1）海洋教育。

（2）海洋基础科学研究。

（3）海洋技术服务。

2. 海洋创意与设计

（1）海洋出版与发行。

（2）海洋文艺创作与展览。

（3）海洋数字媒体创作。

3. 海洋工艺品与文化用品的生产

（1）海洋工艺品制造。

（2）海洋文化用品制造。

4. 海洋旅游活动的生产

（1）海洋休闲与娱乐。

（2）海洋竞技体育。

（3）海洋旅游区。

5. 海洋文艺活动的生产

（1）海洋文艺的制造与展览。

（2）海洋数字内容产品制造。

（3）群众性海洋文艺活动。

6. 海洋文化产品的行政活动

（1）海洋社会团体组织。

（2）海洋文化的行政。

7. 海洋文化产品的市场服务

（1）海洋文化版权服务。

（2）海洋文化产品的科技服务。

（3）海洋文化产品的市场调查与咨询服务。

（4）海洋文化产品贸易服务。

8. 民间海洋特色文化的市场服务

海洋婚庆、海葬、祭祀服务。

9. 海洋旅游服务

（1）海洋旅游住宿服务。

（2）海洋旅游经营服务。

（3）海洋旅游产品批发与零售。

（四）对外经济主要指标

1. 进出口总额

（1）进口总额。

（2）出口总额。

2. 外商直接投资

（1）合同外商投资。

（2）实际外商投资。

3. 对外经济合作

（1）合同金额。

（2）完成营业额。

（五）补充指标

根据实际，其他需要补充的指标。

五、海洋文化产业统计专项调查参考表式——指标设计原则、报表目录、调查表式

（一）指标设计原则及报表目录

1. 指标设计原则

（1）保证统计指标所需数据资料的获取。海洋文化及相关产业统计指标中，部分数据可以直接调查得到，但是部分数据必须经过多个指标计算而得，如增加值，因此表式中的调查指标应涵盖测算增加值所需的资料数据。

（2）尽量与现行统计制度中的统计调查表接轨，以确保获取数据的可行性。现行统计制度中的统计报表与经济普查使用的统计调查表，均是通过反复论证、具有较高可行性，并且已经为调查对象所熟悉。规模以上工业企业和限额以上销售企业每年都要上报统计表，所以对这些企业我们基本是使用现行统计制度所用的调查表式，或者适当简化。其他单位因为计算增加值的方法问题，不能直接使用现行统计制度中的调查表式，所以尽量在经济普查所用的表式基础上进行简化。

（3）尽量简化调查指标，以减轻调查对象的负担。主要从两个方面入手：一是控制调查指标的数量；二是尽量选用有相应会计科目的指标，以便能够获取指标数值。

2. 报表目录

表 6-1　填报范围

表　号	表　名
HYWHCY01	单位基本情况
HYWHCY02	规模以上海洋文化用品制造企业财务状况及产值
HYWHCY03	规模以下海洋文化用品制造企业财务状况及产值
HYWHCY04	限额以上海洋文化用品批发、零售企业财务状况
HYWHCY05	限额以下海洋文化用品批发、零售企业财务状况
HYWHCY06	海洋文化服务企业财务状况
HYWHCY07	海洋文化服务业行政、事业单位财务状况
HYWHCY08	海洋文化服务业民间非营利组织单位财务状况
HYWHCY09	海洋文化业务个体经营户调查表
HYWHCY10	兼营海洋文化业务单位调查表
HYWHCY11	业务活动调查表

（二）调查表式

1. 单位基本情况表样式

表 6-2　单位基本情况表

单位代码：□□□□□□□□—□　　表　号：HYWHCY01

制表机关：

单位详细名称：　　　　　　　　文　号：

审批机关：

批准文号：

2　年有效期至：

| 单位所在地及行政区划行政区划代码（由调查机构填写）□□□□□□ |
| _____省（自治区、直辖市）_____市（区、市、州、盟）_____县（区、市、旗）_____乡（镇）_____街道（村）、门牌号 |
| 单位位于：_____街道办事处_____社区（居委会）、村委会 |

联系方式区号：	电子邮箱：
电话号码：	
传真号码：	网　址：
邮政编码：	
主营还是兼营海洋文化业务：1. 主营　2. 兼营　□	

续表

主要海洋文化业务活动或产品 1 _____; 2 _____; 3 _____.

国民经济行业代码（由调查机构填写）□□□□

登记注册类：

内资	149 其他联营	174 私营股份有限公司	外商投资
110 国有	151 国有独资	190 其他	310 中外合资经营
120 集体	159 其他有限责任公司	港澳台商投资	320 中外合作经营
130 股份合作	160 股份有限公司	210 与港澳台商合资经营	330 外资企业
141 国有联营	171 私营独资	220 与港澳台商合作经营	340 外商投资股份有限公司
142 集体联营	172 私营合伙	230 港澳台商独资	
143 国有与集体联营	173 私营有限责任公司	240 港澳台商投资股份有限公司	□□□

执行会计制度类别：1. 企业会计制度；2. 事业单位会计制度；3. 行政单位会计制度；
4. 民间非营利组织会计制度；9. 其他会计制度　　　□

机构类型：1. 企业；2. 事业单位；3. 机关；4. 社会团体；
5. 民办非企业单位；9. 其他组织机构　　　□

从业人员平均人数（人）：

单位负责人：_____ 填表人：_____ 联系电话：_____ 填表日期：_____

2. 规模以上海洋文化用品制造企业财务状况及产值

表 6-3　规模以上海洋文化用品制造企业财务状况及产值

单位代码：□□□□□□□□-□　　　表　号：HYWHCY02

制表机关：

单位详细名称：　　　　　　　　文　号：

审批机关：

批准文号：

2　年有效期至：

指标名称	代码	本年实际	指标名称	代码	本年实际
甲	乙	1	甲	乙	1
一、年末资产负债	—	—	营业费用	33	
流动资产合计	01		管理费用	34	
其中：短期投资	02		其中：税金	35	
应收账款	03		财产保险费	36	
存货	04		办公费	37	

指标名称	代码	本年实际	指标名称	代码	本年实际
其中:产成品	05		职工教育费	38	
流动资产年平均余额	06		财务费用	39	
长期投资	07		其中:利息支出	40	
固定资产合计	08		营业利润	41	
固定资产原价	09		投资收益	42	
其中:生产经营用	10		补贴收入	43	
累计折旧	11		营业外收入	44	
其中:本年折旧	12		利润总额	45	
固定资产净值年平均余额	13		应交所得税	46	
无形资产	14		广告费	47	
资产总计	15		研究开发费	48	
流动负债合计	16		劳动、失业保险费	49	
其中:应付账款	17		养老保险和失业保险	50	
长期负债合计	18		住房公积金和住房补贴	51	
负债合计	19		三、工资、福利费、增值税	—	—
所有者权益合计	20		本年应付工资总额(贷方累计发生额)	52	
其中:实收资本	21		其中:主营业务应付工资总额	53	
1. 国家资本	22		本年应付福利总额(贷方累计发生额)	54	
2. 集体资本	23		其中:主营业务应付福利总额	55	
3. 法人资本	24		本年应交增值税	56	
4. 个人资本	25		本年进项税收	57	
5. 港澳台资本	26		本年销项税收	58	
6. 外商资本	27				
二、损益及分配	—	—			
主营业务收入	28		四、总产值与销售产品	—	—
主营业务成本	29		工业总产值(当年价格)	B1	
主营业务税金及附加	30		工业销售产值(当年价格)	B2	

指标名称	代码	本年实际	指标名称	代码	本年实际
其他业务收入	31				
其他业务利润	32				

单位负责人：_____ 填表人：_____ 联系电话：_____ 填表日期：_____

3. 规模以下海洋文化用品制造企业财务状况及产值

表 6-4　规模以下海洋文化用品制造企业财务状况及产值

单位代码：□□□□□□□□ - □　　表　号：HYWHCY03

制表机关：

单位详细名称：　　　　　　　　　文　号：

审批机关：

批准文号：

2　年有效期至：

指标名称	代码	本年实际
甲	乙	1
一、年末资产负债	—	—
固定资产原价	01	
累计折旧	02	
其中：本年折旧	03	
资产总计	04	
负债合计	05	
实收资本（股本）	06	
1. 国家资本（国家股）	07	
2. 集体资本（集体股）	08	
3. 法人资本（法人股）	09	
4. 个人资本（个人股）	10	
5. 港澳台商资本（港澳台商股）	11	
6. 外商资本	12	
二、损益及分配	—	—
主营业务收入	13	
主营业务成本	14	
产品销售税金及附加	15	

指标名称	代码	本年实际
营业费用	16	
管理费用	17	
财务费用	18	
营业利润(亏损以"-"号填列)	19	
利润总额(亏损以"-"号填列)	20	
三、其他财务指标	—	—
从业劳动人员报酬	21	
劳动、失业保险费	22	
本年应交增值税	23	
四、总产值和销售产值	—	
工业总产值(当年价格)	24	
工业销售产值(当年价格)	25	

单位负责人: _____ 填表人: _____ 联系电话: _____ 填表日期: _____

4. 限额以上海洋文化用品批发、零售企业财务状况

表 6-5 限额以上海洋文化用品批发、零售企业财务状况

单位代码: □□□□□□□□-□ 表 号:HYWHCY04
制表机关:
单位详细名称: 文 号:
审批机关:
批准文号:
2 年有效期至:

指标名称	代码	本年实际	指标名称	代码	本年实际
甲	乙	1	甲	乙	1
一、年初存货	01		主营业务成本	19	
二、年末资产负债	—	—	主营业务税金及附加	20	
流动资产合计	02		主营业务利润	21	
其中:存货	03		其他业务利润	22	
固定资产原价	04		营业费用	23	
累计折旧	05		管理费用	24	
其中:本年折旧	06		其中:税金	25	

续表

指标名称	代码	本年实际	指标名称	代码	本年实际
资产总计	07		差旅费	26	
负债合计	08		工会经费	27	
所有者权益合计	09		财务费用	28	
其中:实收资本	10		其中:利息支出	29	
国家资本	11		营业利润	30	
集体资本	12		利润总额	31	
法人资本	13		应交所得税	32	
个人资本	14		劳动、失业保险费	33	
港澳台商资本	15		住房公积金和住房补贴	34	
外商资本	16		四、工资、福利费、增加值	—	—
三、损益及分配	—	—	本年应付工资总额(贷方累计发生额)	35	
营业收入合计	17		本年应付福利费总额(贷方累计发生额)	36	
其中:主营业务收入	18		本年应交增值税	37	

单位负责人:_____ 填表人:_____ 联系电话:_____ 填表日期:_____

5. 限额以上海洋文化用品批发、零售企业财务状况

表 6-6　限额以上海洋文化用品批发、零售企业财务状况

单位代码:□□□□□□□□ - □　　　表　号:HYWHCY05
制表机关:
单位详细名称:　　　　　　　　　　　文　号:
审批机关:
批准文号:
2　年有效期至:

指标名称	代码	本年实际	指标名称	代码	本年实际
甲	乙	1	甲	乙	1
一、年初存货	01		三、损益及分配	—	—
二、年末资产负债	—	—	营业收入合计	14	
固定资产原价	02		其中:主营业务收入	15	
累计折旧	03		主营业务成本	16	

指标名称	代码	本年实际	指标名称	代码	本年实际
其中:本年折旧	04		主营业务税金及附加	17	
资产合计	05		营业费用	18	
负债合计	06		管理费用	19	
实收资本	07		财务费用	20	
其中:国家资本	08		营业利润	21	
集体资本	09		利润总额	22	
法人资本	10		四、其他	—	—
个人资本	11		从业劳动人员报酬	23	
港澳台商资本	12		劳动、失业保险费	24	
外商资本	13		本年应交增值税	25	

单位负责人:＿＿＿＿＿ 填表人:＿＿＿＿＿ 联系电话:＿＿＿＿＿ 填表日期:＿＿＿＿＿

6. 海洋文化服务企业财务状况

表6-7 海洋文化服务企业财务状况

单位代码:□□□□□□□□-□ 表　号:HYWHCY06

制表机关:

单位详细名称:　　　　　　文　号:

审批机关:

批准文号:

2　年有效期至:

指标名称	代码	本年实际
甲	乙	1
1. 资产总计	01	—
2. 固定资产原价	02	
3. 累计折旧	03	
其中:本年折旧	04	
4. 负债合计	05	
5. 实收资本	06	
其中:国家资本	07	
集体资本	08	
法人资本	09	

续表

指标名称	代码	本年实际
个人资本	10	
港澳台商资本	11	
外商资本	12	
6. 营业收入合计	13	
其中:主营业务收入	14	
7. 主营业务成本	15	
8. 主营业务税金及附加	16	
9. 营业费用	17	
10. 管理费用	18	
11. 财务费用	19	
12. 营业利润	20	
13. 利润总额	21	
14. 从业劳动人员报酬	22	
15. 劳动、失业保险费	23	

单位负责人:_____ 填表人:_____ 联系电话:_____ 填表日期:_____

7. 海洋文化服务业行政、事业单位财务状况

表 6-8 海洋文化服务业行政、事业单位财务状况

单位代码:□□□□□□□□-□ 表 号:HYWHCY07

制表机关:

单位详细名称: 文 号:

审批机关:

批准文号:

2 年有效期至:

指标名称	代码	本年实际
甲	乙	1
1. 资产总计	01	——
2. 固定资产原价	02	
其中:本年折旧	03	
3. 负债合计	04	
4. 收入合计	05	
其中:财政拨款	06	

指标名称	代码	本年实际
上级补助收入	07	
事业收入	08	
经营收入	09	
5. 支出合计	10	
其中：人员支出	11	
公用支出	12	
其中：福利费	13	
劳务费	14	
就业补助费	15	
取暖费	16	
差旅费	17	
各种设备、交通工具及图书资料购置费	18	
对个人和家庭补助支出	19	
其中：助学金	20	
抚恤金和生活补助	21	
6. 收支结余	22	
7. 营业税金	23	

单位负责人：_____ 填表人：_____ 联系电话：_____ 填表日期：_____

8. 海洋文化服务业民间非营利组织单位财务状况

表 6-9　海洋文化服务业民间非营利组织单位财务状况

单位代码：□□□□□□□□-□　　表　号：HYWHCY08

制表机关：

单位详细名称：　　　　　　文　号：

审批机关：

审批机关：

批准文号：

2　年有效期至：

指标名称	代码	本年实际
甲	乙	1
一、资产与净资产	—	—
资产总计	01	

续表

指标名称	代码	本年实际
固定资产原价	02	
累计折旧	03	
负债合计	04	
净资产合计	05	
其中:限定性净资产	06	
非限定性净资产	07	
二、收入与费用	—	—
收入合计	08	
其中:捐赠合计	09	
会费收入	10	
提供服务收入	11	
政府补助收入	12	
商品销售收入	13	
投资收益	14	
其他收入	15	
费用合计	16	
其中:业务活动成本	17	
其中:工资	18	
税费	19	
固定资产折旧	20	
管理费用	21	
其中:工资	22	
税收	23	
固定资产折旧	24	
筹资费用	25	
其他费用	26	

单位负责人:_____ 填表人:_____ 联系电话:_____ 填表日期:_____

9. 海洋文化服务业民间非营利组织单位财务状况

表 6-10　海洋文化业务个体经营户调查表

单位代码：□□□□□□□-□　　表　号：HYWHCY09

制表机关：

单位详细名称：　　　　　　　　文　号：

审批机关：

批准文号：

2　年有效期至：

一、个体经营户基本情况
问卷编号：□□□□□□-□□□-□□□-□□□
个体经营户名称：
业主（经营者）姓名：
联系电话：
主要海洋文化活动（由调查员填写）：
国名经济行业代码（由调查员填写）□□□□
二、个体经营户主要经济指标

指标名称	代码	计量单位	本期实际
甲	乙	丙	1
从业人员平均人数	01	人	
营业支出	02	千元	
其中：雇员报酬	03	千元	
缴纳各种费用和报酬	04	千元	
固定资产原价	05	千元	
营业收入	06	千元	

单位负责人：＿＿＿＿＿　填表人：＿＿＿＿＿　联系电话：＿＿＿＿＿　填表日期：＿＿＿＿＿

10. 兼营海洋文化业务单位调查表

表 6-11 兼营海洋文化业务单位调查表

单位代码：□□□□□□□□ - □　　　表　号：HYWHCY10

制表机关：

单位详细名称：　　　　　　　　　　文　号：

审批机关：

审批机关：

批准文号：

2 年有效期至：

主要海洋文化业务活动 （最多填6项）	国民经济行业代码 （由调查员填写）	海洋文化业务营业收入 （单位：千元）
1.	□□□□	
2.	□□□□	
3.	□□□□	
4.	□□□□	
5.	□□□□	
6.	□□□□	
各类业务总的营业收入（千元）：		
其中：		
各类海洋文化业务总的营业收入（千元）：		
海洋文化业务从业人员年平均人数（人）：		

单位负责人：＿＿＿＿＿　填表人：＿＿＿＿＿　联系电话：＿＿＿＿＿　填表日期：＿＿＿＿＿

11. 业务活动调查表

表 6-12 业务活动调查表

单位代码：□□□□□□□□ - □　　　表　号：HYWHCY11

制表机关：

单位详细名称：　　　　　　　　　　文　号：

审批机关：

审批机关：

批准文号：

2 年有效期至：

海洋教育与科研机构填写	1. 海洋教育收入（千元）： 2. 海洋科学研究收入（千元）： 3. 海洋技术服务收入（千元）：

海洋创意与设计公司填写	1. 海洋出版与发行收入（千元）： 2. 海洋文艺创作与展览收入（千元）： 3. 海洋数字媒体创作收入（千元）：
海洋工艺品与文化用品公司填写	1. 海洋工艺品制造收入（千元）： 2. 海洋文化用品制造收入（千元）：
海洋旅游活动公司填写	1. 海洋休闲与娱乐收入（千元）： 2. 海洋竞技体育收入（千元）： 3. 海洋旅游区收入（千元）：
海洋文艺活动公司填写	1. 海洋文艺的制造与展览收入（千元）： 2. 海洋数字内容产品制造收入（千元）： 3. 群众性海洋文艺活动收入（千元）：
海洋文化产品的市场服务公司填写	1. 海洋文化版权服务收入（千元）： 2. 海洋文化产品科技服务收入（千元）： 3. 海洋文化产品市场调查与咨询服务收入（千元）： 4. 海洋文化产品贸易服务收入（千元）：
民间海洋特色文化的市场服务公司填写	1. 海洋婚庆服务收入（千元）：
海洋旅游服务公司填写	1. 海洋旅馆住宿服务收入（千元）： 2. 海洋旅游经营服务收入（千元）： 3. 海洋旅游产品批发与零售收入（千元）：

单位负责人：_____ 填表人：_____ 联系电话：_____ 填表日期：_____

在业务活动方面，海洋教育与科研机构的业务活动收入主要有海洋教育收入、海洋科学研究收入、海洋技术服务收入。以国家海洋局第二海洋研究所、中国海洋大学、宁波大学为例，其在 2014 年度申请批准的国家项目如下。

（1）2014 年国家海洋局第二海洋研究所立项科研项目。

在国家科技管理信息系统网站，综合项目查询页面（http://isisn.nsfc.gov.cn/egrantindex/funcindex/prjsearch-list）以"单位名称：中国海洋局第二海洋研究所，批准年度：2014 年"，检索得到国家科研项目 27 项，其中与海洋相关的科研项目 27 项，批准科研经费总计 1 729 万元。

表 6-13　2014 年国家海洋局第二海洋研究所立项科研项目

序号	项目名称	项目负责人	批准金额（万元）	项目起止年月
1	风尘刺激下的固氮作用在西北太平洋热带环流区沉积物捕获器中的记录	杨志	24	2015-01～2017-12

序号	项目名称	项目负责人	批准金额（万元）	项目起止年月
2	南海北部甲烷渗漏的自主矿物——元素地球化学响应	杨克红	93	2015-01～2018-12
3	南海北部浮游动物昼夜垂直迁移的声学观测研究	杨成浩	26	2015-01～2017-12
4	珠江伶仃洋地貌与动力百年演变及对人类活动的响应研究	吴自银	106	2015-01～2018-12
5	深海放射菌 Microbacterium profundi Shh49 在锰离子胁迫下的转录组学研究	吴月红	24	2015-01～2017-12
6	基于 Argo 资料研究热带太平洋海域上层海洋热盐含量的季节和年际变异	吴晓芬	21	2015-01～2017-12
7	南海南北陆缘地壳结构的纵横联合反演	卫小冬	25	2015-01～2017-12
8	基于卫星遥感与数值模拟的东沙岛附近局地生成内波传播研究	王隽	24	2015-01～2017-12
9	南海深层西边界流的观测与模拟	王桂华	300	2015-01～2018-12
10	高悬浮物浓度对海表温度红外遥感的影响研究	王迪峰	92	2015-01～2018-12
11	菲律宾板块残留脊的俯冲构造演化和地质属性的研究意义	唐勇	98	2015-01～2018-12
12	西太平洋深海海山对大、中型浮游动物群落结构的影响	孙栋	23	2015-01～2017-12
13	基于共轭梯度再加权优化的时间域海洋 CSEM 1D 各向异性反演研究	秦林江	25	2015-01～2017-12
14	我国新型海洋水色卫星遥感资料处理方法研究	毛志华	90	2015-01～2018-12
15	西太平洋海山深海八放珊瑚形态及分子系统发育研究	鹿博	24	2015-01～2017-12
16	岛群区峡道潮流切变峰及其泥沙输运特征研究	陆莎莎	26	2015-01～2017-12
17	海底热液烟囱体碳、硫代谢微生物功能群分布及制约因素研究	雷吉江	25	2015-01～2017-12
18	北冰洋高维海区冰藻与陆源生物功能群分布及制约因素研究	季仲强	24	2015-01～2017-12

序号	项目名称	项目负责人	批准金额（万元）	项目起止年月
19	台风强迫的海洋垂直混合及近惯性内波变化研究	何海伦	88	2015-01～2018-12
20	东南极普里兹湾冰藻对"生物泵"的贡献及其对海冰消融的响应——以 σ13C 和 IP25 为指标	韩正兵	26	2015-01～2017-12
21	南海北部陆架泥质沉积物的输运与堆积过程：地质分析与数值模拟	葛倩	92	2015-01～2018-12
22	琼州海峡的沿海声层析研究	樊孝鹏	99	2015-01～2018-12
23	东海卡盾藻的形态与分子遗传特征及生活史研究	戴鑫烽	26	2015-01～2017-12
24	短期气候振荡对孟加拉湾和南海浮游植物调控作用异同的遥感研究	陈小燕	24	2015-01～2017-12
25	不同海洋风场环境与卫星成像条件下 SAR 海上目标探测能力仿真研究	陈鹏	91	2015-01～2018-12
26	"十三五"期间海洋科学发展规划与布局研究	陈大可	15	2014-07～2015-02
27	大河影响下的边缘海水体二氧化碳分压卫星遥感反演研究	白雁	98	2015-01～2018-12

（2）2014 年中国海洋大学立项科研项目。

在国家自然科学基金委网站，综合项目查询页面（http://isisn.nsfc.gov.cn/egrantindex/funcindex/prjsearch-list）以"单位名称：中国海洋大学，批准年度：2014 年"，检索得到项目 105 项，其中与海洋相关的科研项目 64 项，批准科研经费总计 15 109.8 万元。

表 6-14　2014 年中国海洋大学立项科研项目

序号	项目名称	项目负责人	批准金额（万元）	项目起止年月
1	基于单仿生声学信标的水下移动目标合作定位关键技术研究	周琳	26	2015-01～2017-12
2	监督的深度学习算法及其在海洋环境数据分析中的应用	仲国强	25	2015-01～2017-12
3	多年代际自然变化和温室气体增加对热带海洋大气耦合主模态影响的比较研究	郑小童	93	2015-01～2018-12

序号	项目名称	项目负责人	批准金额（万元）	项目起止年月
4	海水体系导电聚合物多功能协同防腐防污效应研究	张志明	91	2015-01～2018-12
5	我国边缘海颗粒有机碳中细菌密度感效应及其对有机碳降解的调控作用	张晓华	100	2015-01～2018-12
6	光学天线的红外吸收增强特性及其在海洋营养盐红外检测技术中的应用	元光	89	2015-01～2018-12
7	全球海洋潮能通量与耗散	于华明	24	2015-01～2017-12
8	环渤海地区城市蔓延时空过程及其对区域可持续性的影响研究	杨洋	23	2015-01～2017-12
9	渤海海峡物质输送过程、通量与机制研究	徐景平	95	2015-01～2018-12
10	类脂生物标志物氢同位素与盐度相关性研究及东海陆架区全新世盐度变化重建	邢磊	98	2015-01～2018-12
11	物理海洋与气候	吴立新	2000	2014-06～2016-12
12	中纬度大气不同尺度变异过程对副热带环流的影响	吴立新	1200	2015-01～2019-12
13	黑潮及延伸体海域海气相互作用机制及其气候效应	吴立新	2000	2015-01～2019-12
14	黑潮及延伸体海域不同尺度海洋过程的动力与热力学及机理	吴德星	270	2015-01～2019-12
15	多溴联苯醚诱导海洋鱼类生殖细胞凋亡的途径及分子机制研究	王悠	96	2015-01～2018-12
16	NSFC-TAMU 合作交流项目：基于海洋食物网的多溴联苯醚（PBDEs）毒性效应研究	王悠	5	2014-10～2015-09
17	第四届中澳海洋科学技术研讨会	王永红	5	2014-09～2014-12
18	南海深海溶解有机碳的 C-14 年龄分布及其碳循环意义	王旭晨	120	2015-01～2017-12
19	黄、东海溶解有机碳的 C-14 年龄分布及其碳循环意义	王旭晨	94	2015-01～2018-12
20	复杂海洋环境中水平轴潮流能水轮机动力学性能研究	王树杰	84	2015-01～2018-12

序号	项目名称	项目负责人	批准金额（万元）	项目起止年月
21	基于玻璃微纳米光纤与微纳米压印聚合物光纤布拉格光栅复合结构的海水温盐度传感器研究	王珊珊	25	2015-01～2017-12
22	潮间带大型海藻鼠尾藻生殖分配对 UV-B 辐射增强的性别差异响应特征与生理机制研究	唐学玺	98	2015-01～2018-12
23	彩色纹理特征抽取和选择算法及其在海洋生物分类中的应用	孙鑫	27	2015-01～2017-12
24	中国沿海单针纽虫四科的分类学研究	孙世春	82	2015-01～2018-12
25	拖网选择性捕捞与鱼类生长和性成熟关系的数值模拟研究	孙鹏	24	2015-01～2017-12
26	南中国海纤毛虫原生动物的区系与多样性研究	宋微波	323	2015-01～2019-12
27	不同时间尺度上长江口深水航道泥沙输运机制变化的研究	宋德海	25	2015-01～2017-12
28	海水冲蚀条件下表面熔覆 Ni-Cr-Mo-W 合金涂层的耐蚀性研究	时婧	26	2015-01～2017-12
29	波浪混合对长江冲淡水扩展的研究影响	宋增瑞	25	2015-01～2017-12
30	浙闽岩岸泥质带冬季悬浮体的沉积机制	乔璐璐	90	2015-01～2018-12
31	粗糙海底界面声散射特性 biagg 扩散射机制研究	彭临慧	96	2015-01～2018-12
32	中英海洋生物多样性研讨会	茅云翔	1.8	2014-10～2014-12
33	潮间带大型绿藻中新颖结构凝血活性多糖及其作用机制研究	毛文君	92	2015-01～2018-12
34	水产科学发展战略和优先发展领域研究	麦康森	6	2014-08～2015-07
35	尺度重组视角下山东沿海城市带区域空间生产与重构的调控机理研究	马学广	20	2015-01～2015-12
36	海洋中多环芳烃原位富集及表面增强拉曼光谱现场定量检测方法的研究	马君	92	2015-01～2018-12

序号	项目名称	项目负责人	批准金额（万元）	项目起止年月
37	海洋乳化溢油的偏振光学特性及演化规律研究	栾晓宁	26	2015-01～2017-12
38	吕宋海峡黑潮与中尺度涡相互作用的能量与涡度收支分析	陆九优	25	2015-01～2017-12
39	波致海床液化诱发黄河口异重流研究	刘晓磊	25	2015-01～2017-12
40	扇贝足丝蛋白组成及粘附机理研究	刘伟治	89	2015-01～2018-12
41	环境激励条件下海洋平台动力特性同标准评估方法及实验研究	刘福顺	84	2015-01～2018-12
42	吕宋海洋－南海海盆科学考察实验研究	李岩	600	2015-01～2016-12
43	渤黄海科学考察实验研究	李岩	450	2015-01～2016-12
44	几种西沙短指软珊瑚功能分子的结构多样性及其多内涵生物学功能	李平林	92	2015-01～2018-12
45	中尺度涡对北太平洋副热带西部模态水迁移、耗散的影响	李培良	91	2015-01～2018-12
46	深海浮体／系缆／立管运动的耦合动力分析方法	李华军	540	2015-01～2019-12
47	大型深海结构水动力学理论与流固耦合分析方法	李华军	1500	2015-01～2019-12
48	海洋与海岸工程十三五学科发展战略研究	李华军	20	2014-06～2015-04
49	复杂深海工程地质原位长期观测设备研制	贾永刚	920	2015-01～2019-12
50	基于微生物燃料电池的地下水硝酸盐污染物原位修复技术及其机理研究	季军远	25	2015-01～2017-12
51	虾夷贝 Prop1 基因功能及表达调控研究	胡晓丽	90	2015-01～2018-12
52	海洋药物与生物制品	管华诗	2000	2014-06～2016-12

序号	项目名称	项目负责人	批准金额（万元）	项目起止年月
53	南海北部次表层叶绿素最大值年纪变化特征的数值模拟研究	宫响	25	2015-01～2017-12
54	海洋纤毛虫具沟急游虫的基因重组过程与进化探讨	高凤	26	2015-01～2017-12
55	热带海温异常对夏季西北太平洋低空环流年际变率的影响在全球变暖情况下的变异	范磊	25	2015-01～2017-12
56	多维最大熵分布及其在南海平台防灾设计中的应用研究	董胜	84	2015-01～2018-12
57	波浪水流联合作用下粉土海床液化和泥沙运动耦合动力过程	董平	84	2015-01～2018-12
58	海山俯冲过程与俯冲带强震触发的数值模拟	戴黎明	26	2015-01～2017-12
59	近惯性内波的实验研究	陈旭	95	2015-01～2018-12
60	基于单菌多产物和基因组采掘策略的两株海洋放线菌活性次级代谢产物研究	车茜	23	2015-01～2017-12
61	海参岩藻聚糖硫酸酯的空间构象解析及干预胰岛素抵抗的定量构效关系研究	常耀光	83	2015-01～2018-12
62	现代废黄河口大规模侵蚀下沉积物-汇作用及其机制	毕乃双	95	2015-01～2018-12
63	黄海暖流形态与变化对暖舌结构影响的动力机制及研究	鲍献文	350	2015-01～2019-12
64	海洋生物质类生物炭对近海典型抗生素环境行为的影响及作用机制	郑浩	26	2015-01～2017-12

（3）2014年宁波大学立项科研项目。

在国家自然科学基金委网站，综合项目查询页面（http：//isisn. nsfc. gov. cn/egrantindex/funcindex/prjsearch-list）以"单位名称：宁波大学，批注年度：2014年"，检索得到项目83项，其中与海洋相关的科研项目8项，批准科研经费总计312.4万元。

表 6-15 2014 年宁波大学立项科研项目

序号	项目名称	项目负责人	批准金额（万元）	项目起止年月
1	波浪与盾构施工耦合作用对新建海堤稳定性影响机理研究	朱剑锋	25	2015-01 至 2017-12
2	海绵中共生蓝细菌来源天然产物的解明	张金荣	23	2015-01 至 2017-12
3	热休克处理调控海洋源嗜酸乳杆菌糖代谢路径的抗冻干胁迫机理研究	曾小群	27	2015-01 至 2017-12
4	中英海洋生物多样性研讨会	徐年军	3.4	2014-10 至 2014-12
5	近海沉积物镉-多环芳烃复合污染的微生态效应研究	王凯	26	2015-01 至 2017-12
6	面向海岸线精确提取的高光谱摄像流形学习研究	孙伟伟	25	2015-01 至 2017-12
7	河口/近海区域低氧影响洄游性香鱼种群性别结构作用机制的研究	苗亮	26	2015-01 至 2017-12
8	人工地貌建设对港湾海岸地貌景观演化的影响比较研究-以中国浙江象山港与美国佛罗里达坦帕湾为例	李加林	95	2015-01 至 2018-12

参考文献

[1] 文化部,财政部.关于推动特色文化产业发展的指导[EB/OL].http://www.mcprc.gov.cn/.2014-08-26.

[2] 国家技术监督局.中华人民共和国国家标准:全国组织机构代码编制规则（GB 11714-1997）[S].北京:国家标准出版社,1998.

[3] 刘家沂.海洋文化产业发展正当时[Z].中国海洋报,2014-08-28.

[4] 国家统计局.国民经济行业分类注释 2011[S].北京:中国统计出版社,2011.

[5] 中华人民共和国国家质量监督检验检疫总局,中国国家标准化管理委员会.中华人民共和国国家标准:行业分类（GB\T4754-2011 代替 GB\T4754-2002）[S].北京:国家标准出版社,2011.

[6] 中华人民共和国国家质量监督检验检疫总局,中国国家标准化管理委员会.中华人民共和国国家标准:海洋及相关产业分类(GB/T 20794-2006)[S].北京:国家标准出版社,2007.

[7] 中华人民共和国企业法人登记管理条例2014. http://www.gov.cn,2014-3-14.

[8] 国家统计局.文化及相关产业分类2012. http://www.stats.gov.cn/tjsj/tjbz/201207/t20120731_8672.html,2012-7-31.

[9] 中华人民共和国国家质量监督检验检疫总局.组织机构代码信息数据库(基本库)数据格式(GB/T 16987-2002).[S].国家标准出版社,2003.

[10] 国家工商总局企业注册局.企业登记指南[M].北京:中国工商出版社,2009.

[11] 中华人民共和国财政部.企业会计制度[M].北京:中国财政经济出版社,2003.

第七章
海洋文化产业专项调查实施方案

党的十八大提出"发展海洋经济、建设海洋强国"这一国家战略,并提出"要坚持把社会效益放在首位、社会效益和经济效益相统一,推动文化事业全面繁荣、文化产业快速发展"。海洋文化产业作为海洋经济产业体系中的一个重要组成部分,在海洋经济中占有重要地位,是具有发展潜力的新兴绿色产业。海洋文化产业已成为拉动沿海地区经济增长的重要产业。海洋文化建设着眼于"文化竞争力"和"软环境"改善,提升"文化生产力",归根结底,是人类生存和发展的需要。在海洋开发领域,文化产业也是具有很大发展潜力和良好发展前景的朝阳产业,应引起政府部门和实业界的高度关注。为全面反映我国海洋文化产业发展现状,进一步完善海洋文化产业政策,促进海洋文化产业又好又快地发展,根据《中华人民共和国统计法》的有关规定,结合我国海洋文化产业统计规范,特制订本方案。

一、统计任务

新时期,海洋文化产业是一个亟待开发的领域(张开城,2010)。国家海洋局《2013年中国海洋经济统计公报》显示,2013年全国海洋生产总值达到54 313亿元,比2012年增长7.6%,海洋生产总值占国内生产总值的9.5%。海洋产业增加值31 969亿元,海洋相关产业增加值22 344亿元。海洋第一产业增加值2 918亿元,第二产业增加值24 908亿元,第三产业增加值26 487亿元,海洋第一、第二、第三产业增加值占海洋生产总值的比重分别为5.4%、45.8%和

48.8%。全国涉海就业人员3 513万人，比2012年增长44万人。海洋第三产业增长态势乐观，海洋文化产业面临大好机遇，是文化产业的一支生力军，是经济发展的强劲助推器(宁波，2013)。

建立科学的海洋文化产业统计指标体系(表7-1为调查表，调查期为五年如"十二五"，指标包括总产值、从业人员等)，初步建立我国海洋文化产业统计系统和工作制度，是全面、准确地掌握我国海洋文化产业发展状况的关键，是制定海洋文化产业发展宏观政策的基础性工作，是挖掘、传承、弘扬中华优秀海洋文化的重要举措，是建设海洋文化强国、海洋强国的重要途径。

表7-1 海洋文化产业统计标准化数据

统计尺度	统计指标		2010 年	2011 年	2012 年	2013 年	2014 年
全　国	发展能力	生产总值					
		固定资产投资					
		产品进出口					
		生产总值占比					
	经济效益状况	资产总计					
		固定资产折旧					
		上缴税金					
	人力资源情况	年末从业人员数					
		大专以上学历人员数量					
		中高级职称人员数量					
企　业	资产总计						
	固定资产原价						
	累计折旧						
	负债合计						
	实收资本						
	营业收入合计						
	主营业务成本						
	主营业务税金及附加						
	营业费用						
	管理费用						
	财务费用						

统计尺度	统计指标	2010 年	2011 年	2012 年	2013 年	2014 年
企　业	营业利润					
	利润总额					
	从业人员劳动报酬					
	劳动／失业保险费					
	筹资费用					
	产品销售收入					
	产品产值收入					

二、统计范围与统计对象

海洋文化产业是从事海洋文化产品的研发、制造、营销的行业。依据海洋文化产业活动的性质,将海洋文化产业划分为海洋文化产品生产环节、产业类、产业中类、产业行业四级。

(一)统计范围

本次统计范围的确定以国家标准《海洋及相关产业分类》(GB/T 20794—2006)为基础,考虑到目前分类中有些业态在我国尚未成熟,或者统计难度很大,根据抓大放小的原则,从科学、合理、可行的角度出发,确定以下调查范围:海洋教育与科研、海洋创意与设计、海洋工艺品与文化用品的生产、海洋旅游活动的生产、海洋文化活动的生产、海洋文化产品的行政活动、海洋文化产品的市场服务、民间海洋特色文化的市场服务、海洋旅游服务。

(二)统计对象

以环渤海地区、长江三角洲地区和珠江三角洲地区为对象,首先选择辽宁、山东、浙江、江苏、福建、广东等海洋文化产业统计基础较好的沿海省所辖沿海城市进行统计(表 7-2)。根据本书第四章研究,海洋文化产业划分为 9 个海洋文化产业领域、22 个产业中类、105 个产业小类(表 7-3)。

表7-2　海洋文化产业统计对象

统计区域	统计省份	统计地级市
环渤海地区	辽　宁	铁岭市　本溪市　抚顺市　丹东市　大连市
	山　东	滨州市　东营市　潍坊市　烟台市　青岛市　威海市　日照市
长江三角洲地区	浙　江	杭州市　嘉兴市　宁波市　绍兴市　舟山市　温州市　台州市
	江　苏	连云港市　南通市　盐城市　苏州市　无锡市　常州市
珠江三角洲地区	福　建	漳州市　厦门市　泉州市　莆田市　福州市　宁德市
	广　东	湛江市　茂名市　阳江市　江门市　东莞市　惠州市　汕尾市　汕头市　潮州市

表7-3　海洋文化产业分类

海洋文化产品生产环节	产业中类	产业类别名称
海洋教育与科研	海洋教育	包括滨海地级市(滨海省省会城市)各海洋专业博士研究生、硕士研究生和本科学生情况,滨海地级市(滨海省省会城市)普通高等教育各海洋专业专科学生情况,滨海地级市(滨海省省会城市)成人高等教育各海洋专业本科和专科学生情况,滨海地级市(滨海省省会城市)中等职业教育各海洋专业学生情况,滨海地级市(滨海省省会城市)开设海洋专业高等学校教职工数等
	海洋科学研究	指滨海地级市(滨海省省会城市)分行业海洋科研机构及人员情况,滨海地级市(滨海省省会城市)分行业海洋科研机构科技活动人员职称和学历构成,滨海地级市(滨海省省会城市)分行业海洋科研机构经费收入、科技课题、科技论著、科技专利和R&D情况等
	海洋技术服务	包括海洋专业技术服务、海洋工程技术服务、海洋科技交流与服务推广等
海洋创意与设计	海洋出版与发行	包括海洋新闻业、海洋出版业、海洋发行服务等。
	海洋文艺创作与展览	如海洋文学创作、海洋动态艺术创作、海洋静态艺术创作等
	海洋数字媒体创作	包括海洋广告业、海洋文化网络与软件设计、海洋多媒体设计等
	海洋数字媒体创作	包括海洋广告业、海洋文化网络与软件设计、海洋多媒体设计等

海洋文化产品生产环节	产业中类	产业类别名称
海洋工艺品与文化用品的生产	海洋工艺品制造	指海洋旅游工艺品制造、海洋饰品制造、其他海洋工艺品制作等
	海洋文化用品制造	包括海洋玩具制造、海洋旅游娱乐设备制造、海洋竞技体育器材制造等
海洋旅游活动的生产	海洋休闲与娱乐	包括海洋休闲渔业、海洋休闲体育、海洋游乐园、海洋沙雕等
	海洋竞技体育	包括海洋竞技体育组织、海洋竞技体育培训等
	海洋旅游区	包括海洋风景名胜区、海洋自然保护区、海洋宗教建筑群景区等
海洋文艺活动的生产	海洋文艺的制造与展览	包括海洋文艺展览、海洋图书馆、海洋档案馆、海洋博物馆、海洋纪念馆、海洋遗址/遗迹公园、海洋水族馆、海洋表演场馆/剧院、海洋(永久性)展览馆等
	海洋数字内容产品制造	包括海洋图书期刊报纸排版与印刷、海洋动态艺术的摄像及其批量复制、海洋多媒体软件生产等
	群众性海洋文艺活动	包括民间海洋文艺演出、民间海洋民俗表演、民间海洋产品展览等
海洋文化产品的行政活动	海洋社会团体组织	包括行业性海洋社会团体、专业性海洋社会团体等
	海洋文化的行政	包括海洋文化产品的知识产权管理、海洋文化企业的工商管理等
海洋文化产品的市场服务	海洋文化版权服务	包括海洋文化版权服务、海洋文化产品的会展服务、海洋文化产品的金融服务等
	海洋文化产品的科技服务	包括海洋文化产品的科技推广服务、海洋文化产品的科技中介服务等
	海洋文化产品的市场调查与咨询服务	包括海洋文化产品的市场调查、海洋文化产品的策划与咨询等
	海洋文化产品贸易服务	包括海洋文化产品国内贸易代理、海洋文化产品全球贸易代理等
民间海洋特色文化的市场服务	海洋婚庆服务	包括海葬服务、海洋祭祀服务等
海洋旅游服务	海洋旅游住宿服务	包括海洋旅游住宿服务、海洋旅游经营服务、海洋旅游产品批发与零售等

三、统计原则与方法

海洋文化产业统计涉及生产、流通和服务等领域,根据现有的行政管理体制和统计调查制度的特点,确定以下统计原则与方法。

(一)统计原则

(1)充分利用现有行政管理体制的原则,即有主管部门的海洋文化产业单位,由主管部门负责。

(2)全面调查、抽样调查、典型调查与统计报表相结合的原则。

(3)充分利用现行报表制度的原则,凡能从现有调查或报表中取得的有关资料,不再另行布置报表。

(4)建立海洋文化产业统计指标体系要适应全国海洋文化产业发展的需要。建立的海洋文化产业统计核算指标体系要突出实用性、目的性和客观性。要根据国情,充分考虑目前海洋文化产业的特殊性,与一般产业存在的较大差异。所建立的海洋文化产业统计指标体系要对全国海洋文化产业的发展有明确的引导作用,促进全国海洋文化产业单位走向市场,参与竞争,加快全国海洋文化产业化的进程。

(5)以海洋文化产业增加值作为核心指标,能够反映海洋文化产业的发展规模和水平,重点反映海洋文化产业的经营规模、运营效益。增加值是国内生产总值的同度量指标,将海洋文化产业增加值作为全国海洋文化产业统计核算的核心指标,有助于与国民经济核算体系相接轨,以反映海洋文化产业总量规模、发展水平以及对国民经济的贡献力,也有助于与其他产业和海洋文化产业内的各行业进行同度量的对比分析。

(6)紧密结合现行统计和财务体制,有利于数据的搜集和调查实施。海洋文化产业统计核算指标力求简便,具有可操作性,应尽量利用现行的统计和财务资料。

(二)统计方法

在统计实施过程中,各省(直辖市)可以根据当地的具体情况,对各类对象采用从省市统计局直接获取数据,开展全面调查、抽样调查、典型调查及测算等方法来实现。抽样调查、典型调查和测算方法要严格按照统计部门的有关规定进行,以保证调查结果的科学性、可靠性。对具体数据获取方法建议如下

（表 7-4）。

表 7-4　统计范围具体数据及方法建议

数据获取方法	统计对象	来源
开展全面调查获取数据，由省市统计局提供数据；从沿海省份／沿海地级市教育局获取	海洋教育海洋科学研究	中国海洋统计年鉴
开展抽样调查，并通过测算获取数据；从沿海市（含滨海省份省会城市）文化广电新闻出版局获取	海洋出版与发行	可根据《文化及相关产业 2012》统计办法以沿海地级市为单元统计
开展典型调查获取相关系数，并通过测算获取数据；从滨海市（含滨海省份省会城市）工信局统计获得或者采用工业经济普查数据	海洋文化产品的制造与组装	可根据《文化及相关产业 2012》统计办法，以滨海地级市为单元统计
沿海市（含滨海省份省会城市）旅游局统计或者采用第三产业普查数据	滨海旅游	可根据旅游统计办法，以滨海地级市为单元统计
沿海市（含滨海省份省会城市）体育局或者采用第三产业普查数据	海洋竞技体育组织	可根据旅游统计办法，以滨海地级市为单元统计
沿海市（含滨海省份省会城市）文化广电新闻出版局统计或者采用基本单位普查数据	海洋图书馆	可根据《文化及相关产业 2012》统计办法，以滨海地级市为单元统计
按法人统计注册资本、雇员数及其结构、年营业额	海洋知识产权代理、转让、登记、评估、认证、检索与咨询服务	经济普查第三产业卷

（三）统计方法的进一步说明

1. 海洋文化产业统计指标的设置原则

（1）与国民经济核算体系相衔接，以增加值为核心。

国民经济核算体系由联合国统计组织推荐，是国际上大多数国家通用的一种核算方法，具有国际可比性。海洋文化产业作为我国国民经济的重要组成部分，其渗透性强、涉及面广，与其他产业关联度大。因此，海洋文化产业统计作为国民经济核算的一个重要组成部分，其统计指标体系必须与国民经济核算体系相衔接。

增加值是国民经济各部门、单位在一定时期内新创造的价值和固定资产转移价值,反映了各部门或单位社会经济活动的最终成果。各部门和单位的增加值相加就形成该地区的地区生产总值。因此,增加值是地区生产总值的同度量指标。将增加值作为海洋文化产业统计的核心指标,有助于与国民经济核算体系接轨,并反映海洋文化产业总量规模、发展水平以及在整个国民经济中的地位与作用,有助于与国内外资料、各行业资料进行同度量对比。

（2）统计指标的设置力求科学、简便、灵活和可操作性。

统计海洋文化产业还处于探索研究阶段,因此,在统计指标的选择上不要过于烦琐,计算方法要科学简便易行。要尽可能利用现有国家统计制度和业务主管部门的统计、会计、业务资料,在此基础上选择一些有代表性的综合指标和主要指标,从而达到易于采集、加工、应用的目的,提高可操作性。

（3）统计指标的设置还应考虑海洋文化自身的特点。

作为反映海洋文化产业发展变化的依据,统计指标体系的设置还应能反映海洋文化产业的特点。因此,在指标的设置上不仅要有价值量指标,还要有反映生产（业务）活动的实物量指标,以能比较全面地反映海洋文化产业的全貌。

2. 海洋文化产业统计指标体系的设置

总体设想海洋文化产业统计指标由三部分组成:一是反映海洋文化产业综合水平和整体实力的价值量指标;二是反映海洋文化产业不同侧面的实物量指标;三是与本地区海洋文化产业发展有一定联系的国民经济其他相关指标。

（1）反映海洋文化产业总体状况的价值量指标。

反映海洋文化产业总体状况的价值量指标包括总产值、增加值2个指标。

① 海洋文化产业总产值是反映一定时期内本地区海洋文化产业总体发展规模和水平的总量指标。它是指海洋文化产业单位生产的所有货物和服务的价值,既包括新增价值,也包括中间投入的价值。

② 海洋文化产业增加值是海洋文化各单位在一定时期内新创造的价值之和,反映了海洋文化产业的生产经营（业务）活动的最终成果。

从生产的角度来看,增加值等于总产值扣除中间投入价值后的差额,其计算公式为:增加值＝总产值－中间投入价值。

从分配的角度看,增加值是海洋文化单位的劳动者报酬、生产税净额、固定资产折旧、营业盈余之和,其计算公式:增加值＝劳动者报酬＋固定资产折旧＋生产税净额＋营业盈余。

（2）海洋经济或国民经济其他相关统计指标。

设置海洋经济或国民经济其他相关统计指标目的是为了反映涉海地区（海洋）经济发展总体情况,建立与海洋文化产业的相关关系。比如设置地区生产总值（GDP）,就可以了解该涉海地区海洋文化产业增加值占 GDP 的比重等等。具体见表 7-5。

表 7-5　国民经济其他相关指标

资料提供单位	指标名称
发改委	涉海基础设施投资额（亿元）、涉海产业投资额（亿元）
统计局	地区生产总值（亿元）、第一产业（亿元）、第二产业（亿元）、第三产业（亿元）、社会消费品零售总额（亿元）、固定资产投资额（亿元）
财政厅	财政总收入（亿元）、公共财政预算收入（亿元）
国税局、地税局	税收总收入（亿元）
海关	进出口总额（亿元）、出口额（亿元）
国家统计局某调查总队	城镇居民家庭人均可支配收入（元） 农村居民家庭人均纯收入（元）
海洋与渔业局	核定渔民人均纯收入（元）

3. 重点海洋文化产业行业增加值的测算思路

（1）总体思路。

海洋文化产业统计范围广、涉及面宽,又具有行业统计的特点。因此,海洋文化产业增加值统计指标的采集应采用全面调查、重点调查与科学推算相结合的办法进行,既依靠现有行业统计资料,包括各部门、各单位的统计、财务、业务资料,又对不足部分进行小型抽样调查和重点调查。

（2）具体策略。

① 海洋文化产品研发与设计的资料采集与测算。海洋文化产品研发与设计由海洋教育与科研、海洋创意与设计两大类组成。其中,海洋创意与设计是主要组成部分。海洋教育与科研取自《中国海洋统计年鉴》,其直接资料来源为沿海城市（含沿海省会城市）教育行政主管部门的统计资料。

海洋创意与设计大类包括海洋出版与发行、海洋文艺创作与展览、海洋数字媒体创作三个中类,其中海洋出版与发行的原创作品（图书、期刊、报纸、新闻报道、摄影、电子影像作品等）可取自沿海城市（含沿海省会城市）文化新闻版权行政主管部门的统计资料;海洋文艺创作与展览的作品数可取自沿海城市(含沿海省会城市)文联及其下辖专业行业协会(作家界、戏剧界、音乐界、舞蹈界、美术界、书法界、摄影界、曲艺界、杂技界、影视界、网络小说家界等)组织的相关统计资料;海洋数字媒体创作作品件数可取自经济普查中的第三产业卷。

② 海洋文化产品制造与组装资料的采集和测算。海洋文化产品制造与组装由海洋工艺品与文化用品的生产、海洋旅游活动的生产、海洋文艺活动的生产、海洋文化产品的行政活动四大类组成。

A 海洋工艺品与文化用品的总产值和增加值分为规模以上工业企业、规模以下工业企业和个体户3部分测算。在经济普查年度,规模以上工业企业和规模以下工业企业的总产值和增加值数据直接利用按行业小类划分的财务资料测算;个体户的总产值和增加值数据以分大类的总产出和增加值为基础,以规模以下工业企业分行业小类的比重推算个体户分小类的数据。在非经济普查年度,规模以上工业可直接利用工业统计年报财务资料计算分行业小类增加值;规模以下工业企业及个体户则通过抽样调查资料计算分行业大类增加值,再按普查年度规模以下工业各行业小类比重进行推算。

测算出海洋工艺品与文化用分小类的总产出和增加值之后,还需通过专业统计数据或抽样调查、重点调查资料确定一些行业的剥离系数,计算其中属于海洋经济的部分。剥离系数确定方法:a 利用工业生产报表,从一个行业小类中分离出生产涉海产品的产值,计算其占整个行业的比重;b 利用投入产出表,计算某一行业对海洋相关行业的投入占其总产值的比重。

B 海洋旅游活动的总产值和增加值数据的测算。首先要利用沿海县(市)的海洋休闲与娱乐场所面积、类型及其年度接待游客人次、门票收入等,测算海洋类旅游活动占全县(市/区)旅游业比重,并以此为基础测算全省的海洋旅游活动总收入、接待国内外游客人次等。由于受游客到滨海城市旅游的偏好消费,国内滨海旅游景区点是国内外游客到任何一个滨海城市旅游必然消费的场所,因此海洋旅游活动的数据也可取自《中国海洋统计年鉴》滨海旅游部分。

在省级层面,海洋旅游业不仅指国民经济行业分类标准中的旅游业,它还是一个综合性的产业,其总产出和增加值测算涉及滨海旅游的"吃、住、行、游、购、娱"六要素。要分别测算滨海旅游产业相关行业的总产值和增加值。也即以全省旅游产业的有关测算资料为依据,收集沿海城市的旅游资料(如沿海城市的交通运输业占全省比重、沿海城市的住宿餐饮业占全省比重、沿海城市的零售业占全省比重等），推算沿海城市的旅游产业数据，再根据抽样调查等资料确定剥离系数，推算沿海城市的滨海旅游产业总产值和增加值。

C 海洋文艺活动生产数据资料的采集和测算。海洋文艺活动的生产主要是提供海洋动态艺术或海洋静态艺术的场馆，如影剧院、水族馆、图书馆、展览馆等。因此，统计时根据经济普查年度相关法人企业、个体户及其经营文艺展演活动场次（含票房等）进行测算。按照经济普查年度 GDP 核算方案的要求，分别测算出法人企业、个体户的文艺生产业务额度。其中涉海部分利用抽样调查和重点调查资料确定剥离系数。在非经济普查年度，主要利用服务业调查年报财务资料等专业统计数据和部门统计相关指标测算海文艺活动生产总产值和增加值数据。

D 海洋文化产品的行政活动资料的采集和测算。根据基本单位普查及其单位"三定"核查沿海市（县／区）两级的海洋文化产品的行政部门，并按单位年度大事记确定其海洋产业产品的行政执法事件数量。

③ 海洋文化产品营销数据资料的采集和测算。海洋文化产品营销主要包括海洋文化产品的市场服务、民间海洋特色文化的市场服务、海洋旅游的服务三大类。

在经济普查年度，按执行企业会计制度、执行行政事业会计制度和个体户分别收集这些行业的财务资料，并按普查年度 GDP 核算方案的要求进行测算。在非经济普查年度，限额以上法人单位资料主要取自服务业统计年报财务资料，限额以下及个体户资料利用抽样调查资料以及经济普查资料进行推算。测算出分行业的总产值和增加值后，再根据抽样调查或重点调查资料确定行业的剥离系数，分离出海洋服务业的总产值和增加值。在非经济普查年度，利用年报财务资料先测算出限额以上、限额以下及个体户的批发零售业总产值和增加值，再利用普查年度涉海的批发零售业所占比重进行推算。

海洋批发和零售业资料的采集和测算为例。海洋批发和零售业主要是指海洋商品在流通过程中的批发活动和零售活动。其总产值和增加值的测算，需按限额以上批发和零售企业、限额以下批发和零售企业、个体户分别测算。在经济普查年度，限额以上批发零售企业和限额以下批发零售企业直接利用按行业小类划分的财务资料测算；个体户以分门类的总产出和增加值为基础，以限额以下批发零售企业分行业小类的比重推算个体户分小类的数据。在此基础上,根据抽样调查或重点调查资料,确定涉海批发零售业的比例系数。在非经济普查年度,利用年报财务资料先测算出限额以上、限额以下及个体户的批发零售业总产值和增加值,再利用普查年度涉海的批发零售业所占比重进行推算。

四、统计调查的表式

在转变海洋经济发展方式、拓展新的经济增长空间的背景下,海洋文化已悄然成为沿海城市发展的软实力与城市形象的重要支撑。大力发展海洋文化产业对优化我国海洋产业结构,提升海洋经济质量和效益具有重要的战略意义。针对需要开展的全面、抽样及典型调查,本书课题组专门设计了 16 张表式,表式列表如下表所示。其中表 TYCY01 为单位基本情况表;表 TYCY02 至表 TYCY06 为开展全面调查所使用的表式;表 TYCY07 至 TYCY10 为开展抽样调查和典型调查所使用的表式;表 TYCY11 至 TYCY15 请各省市统计局提供数据。具体表式见 7-6 统计调查方式,表 7-7 海洋文化产业统计调查表,表 7-8 海洋信息与技术服务业企业财务状况,表 7-9 海洋文化产品行政、事业单位财务状况,表 7-10 海洋文化产业民间非营利组织单位财务状况,表 7-11 海洋工艺品与文化用品的生产单位财务状况,表 7-12 海洋旅游服务调查表,表 7-13 三星级及以上宾馆饭店调查表,表 7-14 文化产品销售企业中海洋文化产品销售情况调查表,表 7-15 文化产品制造企业中海洋文化产品产值情况调查表,表 7-16 抽样情况总表,表 7-17 海洋文化产品制造、海洋文化产品销售业基本情况及主要经济指标,表 7-18 海洋文化产品制造业企业基本情况及主要经济指标,表 7-19 海洋文化产品销售业企业基本情况及主要财务指标,表 7-20 海洋文化产品制造相关企业总产出、增加值、从业人员数,表 7-21 海洋文化产品销售相关企业总产出、增加值、从业人员数。

表 7-6　统计调查方式

表　号	表　名	填报范围
TYCY01	海洋文化产业统计调查表	从事海洋文化产业的所有单位、包括兼营单位
TYCY02	海洋信息与技术服务业企业财务状况	执行企业会计制度的海洋信息与技术服务企业单位

表　号	表　名	填报范围
TYCY03	海洋文化产品行政、事业单位财务状况	执行行政、事业单位会计制度的海洋文化产品服务单位
TYCY04	海洋文化产业民间非营利组织单位财务状况	执行民间非营利组织会计制度的海洋文化产业单位，包括各类海洋文化社会团体、基金会、民办非企业单位性质的海洋文化俱乐部等
TYCY05	海洋工艺品与文化用品的生产单位财务状况	从事海洋工艺品与文化用品的单位
TYCY06	海洋旅游服务调查表	海洋旅游服务单位
TYCY07	三星级及以上宾馆饭店调查表	三星级及以上宾馆饭店
TYCY08	文化产品销售企业中海洋文化产品销售情况调查表	海洋文化产品制造企业
TYCY09	文化产品制造企业中海洋文化产品产值情况调查表	海洋文化产品制造企业
TYCY10	抽样情况总表	各省市海洋与渔业局请各省市统计局提供
TYCY11	海洋文化产品制造、海洋文化产品销售业	请各省市统计局提供
TYCY12	海洋文化产品制造业企业基本情况及主要经济指标	请各省市统计局提供
TYCY13	海洋文化产品销售业基本情况及主要财务指标	请各省市统计局提供
TYCY14	海洋文化产品制造相关企业总产出、增加值、从业人员数	请各省市统计局提供
TYCY15	海洋文化产品销售相关企业总产出、增加值、从业人员数	请各省市统计局提供

表 7-7　海洋文化产业统计调查表

单位基本情况表

单位代码：□□□□□□□□—□　　表　号：HYCY01

制表机关：

单位详细名称：　　　　　　　　文　号：

审批机关：

批准文号：

2　　年有效期至：

单位所在地及行政区　　　　划行政区划代码（由调查机构填写）□□□□□□

_____省（自治区、直辖市）_____地（区、市、州、盟）_____县（区、市、旗）

_____乡（镇）_____街（村）、门牌号

单位位于：_____街道办事处_____社区（居委会）、村委会

联系方式：区号□□□□□

电话号码□□□□□□□□□□电子信箱_____

分机号□□□□□

传真号□□□□□□□网址_____

邮政编码□□□□□□

主要海洋业务活动

（或主要产品）1. _____；2. _____；3. _____

国民经济行业代码（由调查机构填写）：□□□□

登记注册类型：

内资	149 其他联营	174 私营股份有限公司	外商投资
110 国有	151 国有独资公司	190 其他	310 中外合资经营
120 集体	159 其他有限责任公司	港澳台商投资	320 中外合作经营
130 股份合作	160 股份有限公司	210 与港澳台商合资经营	330 外资企业
141 国有联营	171 私营独资	220 与港澳台商合作经营	340 外商投资股份
142 集体联营	172 私营合伙	230 港澳台商独资	有限公司
143 国有与集体联营	173 私营有限责任公司	240 港澳台商投资股份有限公司	□□□

执行会计制度类别：
1 企业会计制度　　2 事业单位会计制度　　3 行政单位会计制度
4 民间非营利组织会计制度　　5 个体工商户会计制度
6 其他会计制度□

机构类型：1 企业　　2 事业单位　　3 机关
4 社会团体　　5 民办非企业单位　　6 其他组织机构□

从业人员年平均人数（人）：

单位负责人：　　填表人：　　联系电话：　　填表日期：20　　年　　月　　日

表 7-8 海洋信息与技术服务业企业财务状况

单位代码：□□□□□□□□—□　　　　表号：HYCY02

制表机关：

单位详细名称：　　　　　文　号：

审批机关：

批准文号：

有效期至：

2　年计量单位：千元

指标名称	代码	本年实际	
		2013 年	2014 年
1. 资产总计	01		
2. 固定资产原价	02		
3. 累计折旧	03		
其中:本年折旧	04		
4. 负债合计	05		
5. 实收资本	06		
其中:国家资本	07		
集体资本	08		
法人资本	09		
个人资本	10		
港澳台商资本	11		
外商资本	12		
6. 营业收入合计	13		
其中:主营业务收入	14		
7. 主营业务成本	15		
8. 主营业务税金及附加	16		
9. 营业费用	17		
10. 管理费用	18		
11. 财务费用	19		
12. 营业利润	20		
13. 利润总额	21		
14. 从业人员劳动报酬	22		
15. 劳动/失业保险费	23		

单位负责人：　　　填表人：　　　联系电话：　　　填表日期:20　年　月　日

表 7-9 海洋文化产品行政、事业单位财务状况

单位代码:□□□□□□□□—□　　　　　　表号:HYCY03

制表机关:

单位详细名称:　　　　　　　文　号:

审批机关:

批准文号:

有效期至:

2　年计量单位:千元

指标名称	代　码	本年实际	
		2013 年	2014 年
1. 资产总计	01		
2. 固定资产原价	02		
本年折旧(限海洋文化产业管理中心填写)	03		
3. 负债合计	04		
4. 负债合计	05		
其中:财政拨款	06		
上级补助收入	07		
事业收入	08		
经营收入	09		
5. 支出合计	10		
其中:人员支出	11		
公用支出	12		
其中:福利费	13		
劳务费	14		
就业补助费	15		
取暖费	16		
差旅费	17		
各种设备、交通工具及图书资料购置费	18		
对个人和家庭补助支出	19		
其中:助学金	20		
抚恤金和生活补助	21		
6. 收支结余	22		

指标名称	代　码	本年实际	
		2013 年	2014 年
7. 经营税金(限事业单位和海洋文化产业管理中心填写)	23		

单位负责人:　　　填表人:　　　联系电话:　　　填表日期:20　　年　　月　　日

表 7-10　海洋文化产业民间非营利组织单位财务状况

单位代码:□□□□□□□□—□　　　　　表号:HYCY04

制表机关:

单位详细名称:　　　　　　文　号:

审批机关:

批准文号:

有效期至:

2　年计量单位:千元

指标名称	代　码	本年实际	
		2013 年	2014 年
一、资产与净资产	—	—	—
资产总计	01		
固定资产原价	02		
累计折旧	03		
负债合计	04		
净资产合计	05		
其中:限定性净资产	06		
非限定性资产	07		
二、收入与费用	—	—	—
收入合计	08		
其中:捐赠收入	09		
会费收入	10		
提供服务收入	11		
政府补助收入	12		
商品销售收入	13		
投资收益	14		

指标名称	代　码	本年实际	
		2013 年	2014 年
其他收入	15		
费用合计	16		
其中:业务活动成本	17		
其中:工资	18		
税费	19		
固定资产折旧	20		
管理费用	21		
其中:工资	22		
税费	23		
固定资产折旧	24		
筹资费用	25		
其他费用	26		

单位负责人:　　　填表人:　　　联系电话:　　　填表日期:20　　年　　月　　日

表 7-11　海洋工艺品与文化用品的生产单位财务状况

表号:HYCY05
制表机关:
文　号:
审批机关:
批准文号:
2　　年有效期至:
一、营销网点基本情况
生产点所在地行政区划(由调查机构填写)□□□□□□
网点编号(终端号):□□□□□
业主(经营者)姓名:＿＿＿＿＿＿＿＿＿＿＿＿＿＿＿＿＿＿＿＿＿
联系电话(含区号和分机):＿＿＿＿＿＿＿＿＿＿＿＿＿
生产站类型:

指标名称	代　码	本年实际	
		2013 年	2014 年
一、资产与净资产	—	—	—
资产总计	01		

续表

指标名称	代　码	本年实际	
		2013 年	2014 年
固定资产原价	02		
累计折旧	03		
负债合计	04		
净资产合计	05		
其中:限定性净资产	06		
非限定性资产	07		
二、收入与费用	—	—	—
收入合计	08		
其中:捐赠收入	09		
会费收入	10		
提供服务收入	11		
政府补助收入	12		
商品销售收入	13		
投资收益	14		
其他收入	15		
费用合计	16		
其中:业务活动成本	17		
其中:工资	18		
税　费	19		
固定资产折旧	20		
管理费用	21		
其中:工资	22		
税　费	23		
固定资产折旧	24		
筹资费用	25		
其他费用	26		

单位负责人：　　　填表人：　　　联系电话：　　　填表日期:20　　年　　月　　日

表 7-12　海洋旅游服务调查表

单位代码：□□□□□□□—□　　　　　　表号：HYCY06

制表机关：

单位详细名称：　　　　文号：

审批机关：

批准文号：

有效期至：

单位所在地及行政区　　　　划行政区划代码（由调查机构填写）□□□□□□
＿＿＿＿＿＿＿＿省（自治区、直辖市）＿＿＿＿＿＿地（区、市、州、盟）＿＿＿＿＿县（区、市、旗）
＿＿＿＿＿＿＿＿乡（镇）＿＿＿＿＿＿街（村）、门牌号
单位位于：＿＿＿＿＿＿＿＿＿＿街道办事处＿＿＿＿＿＿＿＿社区（居委会）、村委会

联系方式区号□□□□□	
电话号码□□□□□□□□	电子信箱＿＿＿＿＿＿＿＿＿＿＿
分机号□□□□□	
传真号码□□□□□□□	网址＿＿＿＿＿＿＿＿＿＿＿＿
邮政编码□□□□□□	

2013 年营业性收入合计（千元）：＿＿＿＿＿＿＿＿＿＿＿＿＿＿＿＿＿＿

2013 年从业人员年平均人数（人）：＿＿＿＿＿＿＿＿＿＿＿＿＿＿＿＿＿

2014 年营业性收入合计（千元）：＿＿＿＿＿＿＿＿＿＿＿＿＿＿＿＿＿＿

2014 年从业人员年平均人数（人）：＿＿＿＿＿＿＿＿＿＿＿＿＿＿＿＿＿

单位负责人：　　　填表人：　　　联系电话：　　　填表日期：20　年　月　日

表 7-13 三星级及以上宾馆饭店调查表

单位代码：□□□□□□□□—□ 表号：HYCY07

制表机关：

单位详细名称： 文号：

审批机关：

批准文号：

有效期至：

单位所在地及行政区划 行政区划代码（由调查机构填写）□□□□□□

_____省（自治区、直辖市）_____地（区、市、州、盟）_____县（区、市、旗）

_____乡（镇）_____街（村）、门牌号

单位位于：_____街道办事处_____社区（居委会）、村委会

联系方式区号□□□□□

电话号码□□□□□□□□□□

分机号□□□□□

传真号码□□□□□□□

邮政编码□□□□□□

电子信箱_____

网址_____

2013 年营业性收入合计（千元）：_____

2013 年从业人员年平均人数（人）：_____

2014 年营业性收入合计（千元）：_____

2014 年从业人员年平均人数（人）：_____

单位负责人： 填表人： 联系电话： 填表日期：20 年 月 日

表 7-14 文化产品销售企业中海洋文化产品销售情况调查表

单位代码：□□□□□□□□—□　　　　表号：HYCY08

制表机关：

单位详细名称：　　　　文号：

审批机关：

批准文号：

有效期至：

单位所在地及行政区划　　　　行政区划代码(由调查机构填写)□□□□□□

＿＿＿＿＿＿省(自治区、直辖市)＿＿＿＿＿地(区、市、州、盟)＿＿＿＿＿县(区、市、旗)

＿＿＿＿＿＿乡(镇)＿＿＿＿＿＿街(村)、门牌号

单位位于：＿＿＿＿＿＿＿街道办事处＿＿＿＿＿＿＿社区(居委会)、村委会

联系方式：区号□□□□

电话号码□□□□□□□□　　　　电子信箱＿＿＿＿＿＿＿＿＿＿＿

分机号□□□□□

传真号□□□□□□□　　　　网址＿＿＿＿＿＿＿＿＿＿＿

邮政编码□□□□□□

所属行业：1. 服务业　　2. 零售业　　3. 批发业　　□

年　份	指标名称	单　位	本年实际
2013 年	销售收入	千　元	
	其中:海洋文化产品销售收入	千　元	
	期末从业人员数	人	
	其中:海洋文化产品销售从业人员数	人	
2014 年	销售收入	千　元	
	其中:海洋文化产品销售收入	千　元	
	期末从业人员数	人	
	其中:海洋文化产品销售从业人员数	人	

单位负责人：　　　填表人：　　　联系电话：　　　填表日期：20　　年　　月　　日

表 7-15 文化产品制造企业中海洋文化产品产值情况调查

单位代码：□□□□□□□—□   表号：HYCY09

制表机关：

单位详细名称：   文号：

审批机关：

批准文号：

有效期至：

单位所在地及行政区划   行政区划代码（由调查机构填写）□□□□□□
＿＿＿＿＿＿＿省（自治区、直辖市）＿＿＿＿＿＿地（区、市、州、盟）＿＿＿＿＿县（区、市、旗）
＿＿＿＿＿＿＿乡（镇）＿＿＿＿＿＿＿街（村）、门牌号
单位位于：＿＿＿＿＿＿＿＿＿＿街道办事处＿＿＿＿＿＿＿＿＿社区（居委会）、村委会

联系方式：区号□□□□□
电话号码□□□□□□□□□   电子信箱＿＿＿＿＿＿＿＿＿＿＿＿
分机号□□□□□□
传真号□□□□□□□   网址＿＿＿＿＿＿＿＿＿＿＿＿
邮政编码□□□□□□

所属行业：1. 艺术业   2. 广播业   3. 电影业   4. 电视业   5. 其他（如：音像业）   □

年　份	指标名称	单　位	本年实际
2013 年	工业总产值（当年价格）	千　元	
	其中：海洋文化产品产值收入	千　元	
	期末从业人员数	人	
	其中：海洋文化产品产值从业人员数	人	
2014 年	总产值	千　元	
	其中：海洋文化产品产值收入	千　元	
	期末从业人员数	人	
	其中：海洋文化产品产值从业人员数	人	

单位负责人：   填表人：   联系电话：   填表日期：20   年   月   日

表 7-16　抽样情况总表

表号：TYCY10

行　　业	抽样框	抽样框内单位总数	抽样调查单位数		
			仍在经营的单位数（实际调查单位数）	抽样抽到但已停止经营的单位数	合　计
海洋教育	自建名录库				
海洋科学研究	自建名录库				
海洋出版与发行	自建名录库				
海洋文艺创作与展览	小类中所有单位				
海洋数字媒体创作	小类中所有单位				
海洋休闲与娱乐	小类中所有单位				
海洋竞技体育	小类中所有单位				
海洋旅游区	小类中所有单位				
海洋文艺的制造与展览	小类中所有单位				
海洋数字内容产品制造	小类中所有单位				
群众性海洋文艺活动	小类中所有单位				
海洋社会团体组织	自建名录库				
海洋文化的行政	自建名录库				
海洋文化版权服务	自建名录库				
海洋文化产品的科技服务	小类中所有单位				
海洋文化产品的市场调查与咨询服务	小类中所有单位				
海洋文化产品贸易服务	小类中所有单位				
海洋婚庆服务	自建名录库				
海洋旅游住宿服务	自建名录库				

抽样方法具体说明（可加附页）：

表 7-17　海洋文化产品制造、海洋文化产品销售业基本情况及主要经济指标

（单位：亿元）

省（区、市）：＿＿＿＿＿＿＿＿＿＿＿＿＿＿＿＿＿＿＿＿＿＿＿＿＿＿＿

表号：TYCY11

年　份	行业（代码）	总产出	增加值	劳动者报酬	固定资产折旧	生产税旧额	营业利润
2010	海洋文化产品制造						
	海洋文化产品批发						
	海洋文化产品零售						
2011	海洋文化产品制造						
	海洋文化产品批发						
	海洋文化产品零售						
2012	海洋文化产品制造						
	海洋文化产品批发						
	海洋文化产品零售						
2013	海洋文化产品制造						
	海洋文化产品批发						
	海洋文化产品零售						
2014	海洋文化产品制造						
	海洋文化产品批发						
	海洋文化产品零售						

表 7-18　海洋文化产品制造业企业基本情况及主要经济指标

（单位：亿元）

表号：TYCY12

年　份	企业单位数（个）	资产总计	固定资产原价	负债合计	主营业务收入	主营业务成本	主营业务税金及附加	利润总额	全部从业人员年平均人数（万人）
2010									
2011									
2012									
2013									
2014									

表 7-19　海洋文化产品销售业企业基本情况及主要财务指标

表号：TYCY13

年　份	行　业	法人企业（个）	产业活动单位（个）	全部从业人员年平均人数（万人）	主营业务收入	主营业务成本	主营业务税金及附加	主营业务利润
2010								
2011								
2012								
2013								
2014								

表 7-20　海洋文化产品制造相关企业总产出、增加值、从业人员数

表号：TYCY14

年　份	行　业	单位数（个）	工业总产值（亿元）	总产出（亿元）	增加值（亿元）	全部从业人员年平均人数（万人）
2010	海洋工艺品与文化用品的生产					
	海洋旅游活动的生产					
	海洋文艺活动的生产					
	海洋文化产品的行政活动					
2011	海洋工艺品与文化用品的生产					
	海洋旅游活动的生产					
	海洋文艺活动的生产					
	海洋文化产品的行政活动					
2012	海洋工艺品与文化用品的生产					
	海洋旅游活动的生产					
	海洋文艺活动的生产					
	海洋文化产品的行政活动					
2013	海洋工艺品与文化用品的生产					
	海洋旅游活动的生产					
	海洋文艺活动的生产					
	海洋文化产品的行政活动					

续表

年　份	行业	单位数（个）	工业总产值（亿元）	总产出（亿元）	增加值（亿元）	全部从业人员年平均人数（万人）
2014	海洋工艺品与文化用品的生产					
	海洋旅游活动的生产					
	海洋文艺活动的生产					
	海洋文化产品的行政活动					

表 7-21　海洋文化产品销售相关企业总产出、增加值、从业人员数

表号：TYCY15

年　份	行　业	单位数（个）	工业总产值（亿元）	总产出（亿元）	增加值（亿元）	全部从业人员年平均人数（万人）
2010	海洋文化版权服务					
	海洋文化产品的会展服务					
	海洋文化产品的金融服务					
	海洋文化产品的科技服务					
	海洋文化产品的市场调查与咨询服务					
	海洋文化产品贸易服务					
	海洋婚庆服务					
	海洋旅游住宿服务					
	海洋旅游经营服务					
	海洋旅游产品批发与零售					
2011	海洋文化版权服务					
	海洋文化产品的会展服务					
	海洋文化产品的金融服务					
	海洋文化产品的科技服务					
	海洋文化产品的市场调查与咨询服务					
	海洋文化产品贸易服务					
	海洋婚庆服务					
	海洋旅游住宿服务					

年 份	行 业	单位数（个）	工业总产值（亿元）	总产出（亿元）	增加值（亿元）	全部从业人员年平均人数（万人）
2011	海洋旅游经营服务					
	海洋旅游产品批发与零售					
2012	海洋文化版权服务					
	海洋文化产品的会展服务					
	海洋文化产品的金融服务					
	海洋文化产品的科技服务					
	海洋文化产品的市场调查与咨询服务					
	海洋文化产品贸易服务					
	海洋婚庆服务					
	海洋旅游住宿服务					
	海洋旅游经营服务					
	海洋旅游产品批发与零售					
2013	海洋文化版权服务					
	海洋文化产品的会展服务					
	海洋文化产品的金融服务					
	海洋文化产品的科技服务					
	海洋文化产品的市场调查与咨询服务					
	海洋文化产品贸易服务					
	海洋婚庆服务					
	海洋旅游住宿服务					
	海洋旅游经营服务					
	海洋旅游产品批发与零售					
2014	海洋文化版权服务					
	海洋文化产品的会展服务					
	海洋文化产品的金融服务					
	海洋文化产品的科技服务					
	海洋文化产品的市场调查与咨询服务					

续表

年　份	行　业	单位数（个）	工业总产值（亿元）	总产出（亿元）	增加值（亿元）	全部从业人员年平均人数（万人）
2014	海洋文化产品贸易服务					
	海洋婚庆服务					
	海洋旅游住宿服务					
	海洋旅游经营服务					
	海洋旅游产品批发与零售					

五、调查表发放

　　根据对海洋文化产业的界定，按规范性、科学性和可操作性，以国家、地市、县级不同统计单元为基准，针对各统计单元企事业单位的特点与特色发放调查表，确保其有效性。

表 7-22　调查表发放

调查范围	所发放表格的表号
海洋文化产业企业、单位	TYCY01 海洋文化产业统计调查表
海洋信息与技术服务业企业	TYCY02 海洋信息与技术服务业企业财务状况
海洋文化产品行政、事业单位	TYCY03 海洋文化产品行政、事业单位财务状况
海洋文化产业民间非营利组织单位	TYCY04 海洋文化产业民间非营利组织单位财务状况
海洋工艺品与文化用品的生产单位	TYCY05 海洋工艺品与文化用品的生产单位财务状况
海洋旅游服务企业	TYCY006 海洋旅游服务调查表
三星级及以上宾馆饭店	TYCY07 三星级及以上宾馆饭店调查表
文化产品销售企业	TYCY08 文化产品销售企业中海洋文化产品销售情况调查表
文化产品制造企业	TYCY09 文化产品制造企业中海洋文化产品产值情况调查表
涉及海洋文化产业的相关行业	TYCY10 抽样情况总表
海洋文化产品制造、海洋文化产品销售业	TYCY11 海洋文化产品制造、海洋文化产品销售业基本情况及主要经济指标
海洋文化产品制造业企业	TYCY12 海洋文化产品制造业企业基本情况及主要经济指标
海洋文化产品销售业企业	TYCY13 海洋文化产品销售业企业基本情况及主要财务指标

调查范围	所发放表格的表号
海洋文化产品制造相关企业	TYCY14 海洋文化产品制造相关企业总产出、增加值、从业人员数
海洋文化产品销售相关企业	TYCY15 海洋文化产品销售相关企业总产出、增加值、从业人员数

六、数据处理

海洋文化产业统计软件由统计工作小组负责设计,各省市向统计工作小组传送统计调查的原始数据,由工作小组对数据进行分析和处理。

高质量的数据是统计分析结论可靠性的根本保障。统计数据预处理是统计整理阶段的重点工作,是对原始数据质量进行审查、诊断、评估及提升的一个过程,它直接决定着分析数据的质量,影响统计产品的可信度及以此所做决策的科学性。本节重点就统计预处理的必要性、处理过程和方法进行论述。

(一)统计数据预处理的必要性

在统计工作中,人们普遍重视对数据收集和统计分析的研究,却相对忽视对数据搜集之后、正式分析之前这一中间阶段的研究,而这一阶段的主要工作就是统计数据的预处理。在数据搜集阶段,无论如何仔细认真,不管是一手数据还是二手数据,总是不可避免地会存在一些质量问题。统计调查数据由于调查过程中的工作失误、被调查者不配合、抽样方法选取不当、问卷设计不合理等因素而存在误差;利用信息采集系统搜集到的数据,由于数据录入、转换及数据库链接等过程中的失误,可能会出现错误字段、记录重复或缺失等问题;政府统计部门的宏观统计数据,也会因人为干扰、体制缺陷等原因而存在数据质量问题;一些上市公司在财务数据上弄虚作假、发布虚假消息;一些商业性调查由于样本选择不规范、调查偷工减料、弄虚作假,甚至人为编造数据,让人对数据质量产生怀疑。正是由于这些问题的客观存在,降低了统计结果的可信度,同时也给后续的研究工作带来严重影响。

统计数据的质量需要贯穿统计工作始终,数据质量是计量经济模型赖以建立和成功应用的基础条件,保障统计数据的质量是统计分析的关键,为了满足统计分析的实际需要,提高数据质量,保证统计分析结果的客观、有效,在正式开展统计分析之前,对统计数据进行预处理十分必要。

（二）统计数据预处理的步骤

统计数据预处理包括数据审查、数据清理、数据转换和数据验证四个步骤。

1. 数据审查

主要检查数据的数量（记录数）是否满足分析的最低要求，字段值的内容是否与调查要求一致，是否全面。还包括利用描述性统计分析，检查各个字段的字数类型，字段值额最大值、最小值、平均数、中位数等，记录个数，缺失值或空值个数等。

2. 数据清理

主要针对数据审查过程中发现的明显错误值、缺失值、异常值、可疑数据，选用适当的方法进行"清理"，使"脏"数据变为"干净"数据，有利于后续统计分析得出可靠的结论。当然，数据清理还包括对重复记录进行删除。

3. 数据转换

数据分析强调分析对象的可比性，但不同字段值由于计量单位等不同，往往造成数据不可比；对一些统计指标进行综合评价时，如果统计指标的性质、计量单位不同，也容易引起评价结果出现较大误差，再加上分析过程中的其他一些要求，需要在分析前对数据进行变换，包括无量纲化处理、线性变换、汇总和聚集、适度概化、规范化以及属性构造等。

4. 数据验证

数据验证的主要目的是初步评估和判断数据是否满足统计分析的需要，决定是否需要增加或减少数据量。利用简单的线性模型以及散点图、直方图、折线图等图进行探索性分析，利用相关性分析、一致性检验等方法对数据的准确性进行验证，确保不把错误和偏差的数据带入到数据分析中去。

上述四个步骤是逐步深入、由表及里的过程。先是从表面上查找容易发现的问题（如数据记录个数、最大值、最小值、缺失值或空值个数等），接着对发现的问题进行处理即数据清理，再就是提高数据的可比性，对数据进行一些变换，使数据形式上满足分析的需要。最后则是进一步检测数据内容是否满足分析需要，诊断数据的真实性即数据之间的协调性等，确保优质的数据进入分析阶段。

（三）统计数据预处理的方法

选用恰当方法开展统计数据预处理，有利于保证数据分析结论真实、有效。

根据对象的特点和各步骤的不同任务,统计数据预处理可采用的方法包括描述和探索性分析、缺失值处理、异常处理、数据变换技术、信度与效度检验、宏观数据诊断六类。

对应统计数据预处理的四个步骤,各有不同的处理方法。数据审查阶段主要是对调查数据进行信度、效度检验,利用描述及探索性分析手段对数据进行基本的统计考察,初步认识数据特征;数据清理阶段主要是利用多种插值方法对缺失值进行插补,采用平滑技术进行异常值得纠正;数据转换阶段则根据不同的需要可供选择的方法较多,针对计量单位不同可采用无量纲化和归一化,针对数据层级不同可采用数据汇总、泛化等方法,结合分析模型的要求可对数据进行线性或其他形式的变换、构造和添加新的属性以及加权处理等;数据验证阶段包括确认上述步骤的准确性与有效性,检查数据的逻辑转换是否造成数据扭曲或偏差,并再次利用描述及探索性分析检查数据段的基本特征,对数据之间的平衡关系及协调性进行检验。

(四)统计数据标准化方法

数据标准化是统计数据预处理过程中的关键环节。经济统计指标有多种类型,其数据表现形式也各式各样。① 不同的指标数据用不同的计量单位(量纲),即使是同一个指标,若采用不同的计量单位,所得的数据值也会不同。② 不同指标数据值的大小不尽相同,有的达数万甚至更大,有的只有零点几、在量级上相差悬殊。③ 指标具有不同的性质,有些指标(正向指标)对分析对象有正向作用力,有些指标(逆向指标)对分析对象有逆向作用力。④ 有些指标(效益指标)数据值越大越好,有些指标(成本指标)数据值越小越好,还有一些指标值(适度型指标)过大过小都不好。如果将这些不同性质、不同类型的指标放在一起进行分析评价,则很难从数值的大小上判断分析对象优劣,也很难得出正确的结论。因此,在开展统计分析之前,通常需要先将数据进行标注化,利用标注化后的数据进行统计分析。

1. 常用的数据标准化方法

数据标准化处理主要包括数据同趋化处理和无量纲化处理两个方面。数据同趋化处理主要解决不同性质指标的数据问题,对不同性质指标直接加总不能正确反映不同作用力的综合结果,须先考虑改变逆指标数据性质(一般采用取倒数或取负数等),使所有指标对分析对象的作用力同趋化,再加总才能得出正确结果。数据无量纲化处理主要解决数据的可比性问题，去除数据的单位限制，将其转化为无量纲的纯数值，使不同单位或量级的指标能够进行比较和加权。

数据标准化的方法有很多种，最常用的有以下 8 种方法，每种方法中正向指标和负向指标的计算方法略有不同。

（1）标准差标准化。

亦称 Z-score 标准化，该方法所得到的新数据，平均值为 0，标准差为 1。正向指标的计算公式为：

$$新数据 = （原数据 - 均值）/ 标准差$$

逆向指标的计算公式为：

$$新数据 = （均值 - 原数据）/ 标准差$$

（2）极差标准化。

亦称 min-max 标准化，该方法得到的数据值均在 0 与 1 之间，其正向指标的计算公式为：

$$新数据 = （原数据 - 极小值）/（极大值 - 极小值）$$

逆向指标的计算公式为：

$$新数据 = （极大值 - 原数据）/（极大值 - 极小值）$$

（3）极大值标准化。

亦称极小化标准化，正向指标的计算公式为：

$$新数据 = 原数据 / 极大值$$

逆向指标的计算公式为：

$$新数据 = 1 - 原数据 / 极大值$$

（4）极小值标准化。

亦称极大值标准化，正向指标的计算公式为：

$$新数据 = 原数据 / 极小值$$

逆向指标的计算公式为：

$$新数据 = 极小值 / 原数据$$

（5）均值标准化。

正向指标的计算公式为：

$$新数据 = 原数据 / 均值$$

逆向指标的计算公式为：

$$新数据 = 均值 / 原数据$$

（6）总和标准化。

这种标准化方法得到的数据值均在 0 与 1 之间。正向指标的计算公式为：

$$新数据 = 原数据 / 原数总和$$

逆向指标的计算公式为：

$$新数据 = 1 - 原数据 / 原数据总和$$

（7）小数定标标准化。

这种方法通过移动数据的小数点位置来进行标准化。小数点移动多少位取决于原始数据中的最大绝对值。计算公式为：

$$新数据 = 原数据 \times 10^i$$

式中，i 为满足条件的最小整数，可取正数，亦可取负数。

（8）初值标准化。

正向指标的计算公式为：

$$新数据 = 原数据 / 原数据初值$$

逆向指标的计算公式为：

$$新数据 = 原数据初值 / 原数据$$

此外，还有对数标准化、模糊量化标准化、折线型标准化和曲线型标准化等数据标准化方法。

（五）数据标准化方法的选择

不同的分析评价目的对数据标准化方式的要求不同，因此对数据标准化方法的选择也不同，如果分析评价仅仅是为了排序，而不需要对评价对象之间的差距进行分析，那么无论选用哪种标准方法，都不会对分析评价排序产生影响。也就是说，以排序为主的评价对标准化方法是不敏感的。对于需要进一步分析评价对象差距以及对评价对象进行分级的评价，一般采用极值标准化和极差标准化，这两种方法既有利于评价结果的排序，也有利于评价结果数据的深入分析和比较。

1. 数据标准化方法的比较原则

数据标准化方法的比较，一般应遵循以下三个原则：

（1）同一标准内部相对差距不变原则。任何标准化方法，都不能改变评价对象指标内部数据之间的相对差距,因为如果相对差距改变了,最终评价结果评价对象间的差距就被扭曲了。

(2)不同指标间的相对差距不确定原则。所谓指标间的相对差距,是指在客观事物的发展过程中,不同指标的发展水平并不相同。有些指标发展比较快,总体水平可能较高;而有些指标发展比较慢,总体水平可能较高;而有些指标发展比较慢,总体水平可能较低。数据标准化必须体现这种差距,为了简捷起见,可以用不同指标标准化后的极差来反映。

(3)标准化后极大值相等原则。数据标准化必须保证标准化后的极大值全部相同(通常为1或100),如果某个指标标准化后的极大值小于1,那么总指标值也会变小,从而使人们对评价结果产生错觉。

2. 数据标准化方法的选择

选择数据标准化方法时应该注意以下几个问题:

(1)标准化所选用的转化公式,一方面要求能尽量客观反映指标实际值与事物综合发展水平间的对应关系;另一方面要符合统计分析的要求。如进行聚类分析和关联分析时,选用前文讲的常用方法就可以了,而在进行综合评价时,则需要选用较为复杂的转换公式。

(2)尽量遵循简易性原则,能够用简单转换公式的就不用复杂的转换公式。因为复杂转换公式并不是在任何情况下都比简单转换公式精确,而且越复杂的公式如曲线型转换,其参数的选择难度越大。

(3)选用标准化公式,还要注意转化自身的特点,这样才能保证转化的可能性。比如极值法和标准差法,极值法对指标数据的个数和分布状况没什么要求,转化后的数据都在0～1之间,转化后的数据性质较为明显,便于做进一步的数学处理,同时这种方法所依据的原始信息较少;而标准差法一般在原始数据呈正态分布的情况下应用,其转化结果超出了0～1,存在负数,有时会影响进一步的数据处理,同时该方法所依据的原始数据信息多于极值法。

选用不同的数据标准化方法,得到的数据和分析结论肯定会不同,到底哪种方法更适合实际情况,则需要对不同的方法进行比较和检验,为最大限度地避免"表面上的合理性掩盖着实际上的不合理性"的现象,我国学者利用斯皮尔曼等级相关系数理论,对数据标准化方法进行比较和选优,具体操作步骤如下:

① 用不同标准化方法所做的等级排序号平均值的排序作为"合理排序"。

② 分别计算各种标准化方法的等级排序号与合理排序的斯皮尔曼等级相关系数,相关系数越小,标准化方法越差,因此要去掉此方法。

③ 重复步骤 1 和步骤 2,直到剩下最后一个标准化方法为止。则此方法为最优标准化方法。

七、组织领导

为保证统计工作的顺利进行,由国家海洋局和国家统计局领导及有关方面负责同志共同组成海洋文化产业专项调查领导小组。领导小组下设办公室,设在国家海洋局宣传教育中心。具体事宜如下:

(一)加强领导,健全海洋文化产业统计组织

各省(区)、市(州)、县、各有关部门要进一步提高对海洋文化产业统计工作重要性的认识,切实重视和加强对海洋文化产业统计工作的组织领导。市级建立部门联席会议制度,由市政府分管副市长任召集人,分管副秘书长为副召集人,定期召开会议研究海洋文化产业发展和统计工作情况。各有关部门应明确分管领导和海洋文化产业统计职能机构,指定专人负责海洋文化产业统计工作,确保海洋文化产业统计工作的顺利开展。

(二)完善制度,满足海洋文化产业统计核算需要

加强制度建设,建立和完善覆盖全社会、全行业的,以财务经营性指标为主的价值量统计指标体系,出台新形势下的海洋政策,满足海洋文化产业核算需要。根据文化制造业、文化批零业、文化服务业和个体经营户的不同特点,以海洋文化产业统计标准为基础,确定海洋文化产业调查单位。围绕海洋文化产业活动加强调查研究,及时了解掌握海洋文化产业新业态及发展情况,突出市级海洋文化特色,进一步完善海洋文化产业统计调查制度,增加调查频率,定期开展海洋文化产业统计调查监测,适时掌握全国海洋文化产业发展情况,促进全国海洋文化产业发展的路径选择。

(三)部门联动,建立统计资料报送制度

按照"条块结合"的原则,建立部门联动协作机制。海洋文化产业统计调查工作由统计部门牵头负责,文广新、档案、教育、科技、体育、旅游、民政、工

商、经济信息化、建设、林业、商务、广电影视传媒集团、报业传媒集团、出版传媒股份公司、演艺集团、网络传媒集团等有关部门予以配合。各部门要将有关海洋文化产业的统计报表资料、海洋文化产业项目报送同级政府统计部门，以便及时纳入海洋文化产业统计核算范围。

（四）严密组织，提高海洋文化产业数据质量

严密组织海洋文化产业调查监测，各级统计局需联合相关海洋类大学对海洋文化产业的统计界定进行研究，强化工作流程控制，加大数据审核验收力度，定期对本地区、本部门海洋文化产业统计数据质量进行指导和检查，尤其对海洋文化产业资源进行准确判断和客观评价，确保海洋文化产业统计资料的准确性、及时性，科学构建海洋文化产业指标体系，不断提高海洋文化产业统计数据质量。认真贯彻实施《统计法》和监察部、人力资源社会保障部、国家统计局颁布的《统计违法违纪行为处分规定》，加大统计执法检查力度，对虚报、瞒报、拒报、迟报、伪造、篡改统计资料的各类违法行为依法进行查处。

（五）定期通报，推进海洋文化产业统计工作

进一步加强海洋文化产业统计工作的科学化、制度化和规范化建设，提高全市海洋文化产业统计数据质量和工作水平。要对各区市、各有关部门和单位海洋文化产业统计工作的组织领导、人员配备、业务开展、统计报表质量、统计分析、工作总结报送等情况进行定期通报，推进全市海洋文化产业统计工作的顺利开展。

各区市、各有关部门和单位要认真履行职责，确保海洋文化产业统计工作科学高效开展，为促进海洋文化产业跨越发展，重视海洋文化资源产业化过程中"人"的因素，推动文化中国建设提供高质量的统计信息服务。

参考文献

[1] 编写组.十八大报告学习辅导百问 [M].北京：党建读物出版社，2012，11.

[2] 宁波.海洋文化产业及其发展策略刍议 [J].中国渔业经济，2013，31（2）：119-125.

[3] 张开城.海洋文化和海洋文化产业研究述论 [J].全国商情（理论研究），

2010,（16）：3-4.

[4] 国家海洋局编著，中国海洋统计年鉴[M]．北京：海洋出版社，2013.

[5] 殷国俊．文化产业统计指标和分析方法探讨[J]．中国统计，2004,（2）：14-15.

[6] 何广顺，丁黎黎，宋微玲．海洋经济分析评估理论、方法与实践[M]．北京：海洋出版社，2014.

[7] 姜旭朝，毕毓洵．中国海洋产业体系经济核算的演变[J]．东岳论丛，2009，30（2）：51-56.

[8] 国家统计局浦东调查队和上海市海洋局联合课题组．上海海洋经济统计监测指标体系研究[J]．统计科学与实践，2012,（12）：24-26.

[9] 何广顺．我国海洋经济统计发展历程[J]．海洋经济，2011,1（1）：6-11.

[10] 何龙芬．海洋文化产业集群形成机理与发展模式研究[D]．浙江海洋学院硕士学位论文，2011.

[11] 丁文军．日照市海洋文化产业发展研究[D]．山东大学硕士学位论文，2013.

[12] 王颖．山东海洋文化产业研究[D]．山东大学博士学位论文，2010.

[13] 王颖，阳立军．舟山群岛海洋文化产业集群形成机理与发展模式研究[J]．人文地理，2012,27（6）：67-70.

[14] GB/T20794-2006,中华人民共和国国家标准海洋及相关产业分类．

[15] 中华人民共和国国家质量监督检验检疫总局，中国国家标准化管理委员会．国民经济行业分类[S]．中华人民共和国国家标准，2011.

[16] HY/T052-1999,中华人民共和国海洋行业标准海洋经济统计分类与代码．

[17] 苏勇军．产业转型升级背景下浙江海洋文化产业发展研究[J]．中国发展，2012,12（4）：28-33.

[18] 吴向红．对发展广东海洋文化产业的思考[J]．探求，2014,（6）：64-69.

[19] 孔苏颜．福建海洋文化产业发展的 SWOT 分析及对策[J]．厦门特区党校学报，2012,（2）：76-80.

[20] 徐舒静，于慎澄．海陆统筹视角下的海洋文化产业发展[J]．东岳论丛，2012,33（10）：47-50.

[21] 刘堃．海洋经济与海洋文化关系探讨——兼论我国海洋文化产业发展[J]．中国海洋大学学报（社会科学版），2011,（6）：32-35.

[22] 尤晓敏，瞿群臻．海洋文化产业集群协同创新问题及对策研究[J]．中国

渔业经济,2013,31(5):100-103.

[23] 张耀谋,李世新. 海洋文化与海南海洋文化产业发展思考[J]. 海南金融,2011,(8):31-33.

[24] 高艳艳,林宪生. 基于层次分析的大连海洋文化产业资源评价[J]. 海洋开发与管理,2013,(10):119-123.

[25] 韩兴勇,孙建松. 利用上海海洋文化资源发展海洋文化产业的思考[J]. 上海海洋大学学报,2012,21(4):635-640.

[26] 束春德,蒲艳春,辛丽轲,等. 青岛海洋文化产业发展战略研究[J]. 海洋开发与管理,2011,(9):138-141.

[27] 李刚. 青岛市海洋文化产业的统计与探析[J]. 中国统计,2013,(8):41-42.

[28] 郝鹭捷,吕庆华. 我国海洋文化产业竞争力评价指标体系与实证研究[J]. 广东海洋大学学报,2014,05:1-7.

[29] 徐从江,瞿群臻. 长三角区域海洋文化产业发展模式与路径选择[J]. 安徽农业科学,2013,41(20):8583-8585.

第八章
全国海洋文化产业统计软件系统设计方案

近年来,文化产业已成为极具可持续发展潜力和发展前景的朝阳产业。"文化工业"一词最早由德国法兰克福学派的马克思·霍克海默和奥多·阿多诺于1940年提出。他认为文化生产一旦和科技相结合,形成工业化体系,会产生影响社会的重大力量,文化一旦进入市场,就会大众化、媚俗化。

近年来,海洋经济得到了广泛的关注。20世纪90年代以来,我国海洋经济发展迅速,无论是数量还是产业层次都得到显著的提高,其在国民经济中的重要性中也更加显著。海洋经济离不开涉海产业,新世纪以来,党的十六大和十七大分别提出了"实施海洋开发"战略和发展海洋产业的决策,十八大更是先见性地提出了"建设海洋强国"战略,在"十二五"规划和国家中长期规划中,海洋经济被纳入我国经济发展的重点。

海洋文化产业是指从事涉海文化产品的生产和提供涉海服务的行业。作为海洋经济和文化产业的交叉产业,相对于陆地,海洋文化产业侧重于海洋领域,有海洋科教、海洋体育、海洋出版等。为了充分了解海洋文化产业的发展状况,相应的统计工作应该得到重视。海洋文化产业统计工作是政府制定的宏观经济政策,也是加强宏观调控的依据。

一、系统目标

（一）设计海洋文化产业统计软件系统架构

本书理论联系实践,在分析国家海洋及其相关产业分类标准和文化产业分类标准的基础上,结合相关领域学者提出的分类方案,从中剥离出属于海洋文化产业范畴内的产业目录。其次,实现海洋文化相关产业指标体系的数据统计。

（二）海洋文化产业统计软件平台的功能

本系统除了具有一般数据管理软件系统(DMS)的功能,如录入、修改、查询和汇总数据等功能外,还将实现可视化功能。具体说来,是将数据地图化,标注数字和不同颜色的区分,从而一目了然地知道每一统计区域内的情况,这也是本系统的特色之一。

（三）海洋文化产业统计软件系统的总体方案和可行性

明确本系统以数据库和 GIS 软件作为支撑,需要分析统计的数据的需求和项目资金、人才和技术以及未来收益分析的供给。

（四）海洋文化产业统计软件系统的应用前景

一方面,可加强统计部门成员的信息交流。另一方面,通过软件可了解当前海洋文化产业的时空分布,评估海洋文化产业发展的健康程度,预测海洋文化产业的发展趋势。

二、系统总体框架

（一）基于 C/S 的系统设计

1. 系统组织结构图

整个系统分三级管理,自下而上分别为市县级海洋文化产业数据管理中心、省级海洋文化产业数据管理中心和海洋文化产业数据管理中心(图 8-1)。

各级统计局数据管理中心海洋文化产业统计支部负责数据的录入和上传,各县市统计局录入汇总后依次汇总至市统计局、省统计局,最终省统计局将数据汇总到海洋文化产业数据管理中心,实现数据的全部汇总。

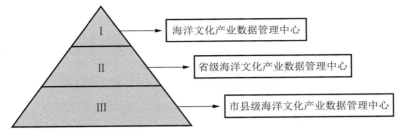

图 8-1 系统组织结构

2. 系统的数据总体框架

考虑到海洋文化产业统计登记的工作繁杂,一般来说,企事业单位数量较多、汇报工作任务重、统计口径和门类的不齐全也给统计带来了不少麻烦。因此,我们根据最新的海洋产业国家分类标准,进行系统的统计、抽离到最终汇总任务的完成。技术层面来说,填报工作量巨大、操作时间漫长、涉及的部门人数众多以及数据存在准确性和可靠性等问题,一般的 Excel 统计报表难以胜任。本书提出并开发了海洋产业统计软件系统,拟解决数据统计问题。

本系统采用了浏览器端 / 服务器端(Broswer/Server,以下简称 B/S)和客户端 / 服务器端(Client/Server,以下简称 C/S)双重体系架构,不仅各取所长,也能够结合用户实际使用环境进行选择,为用户提供友好而便利的操作环境。该体系架构能有效地利用数据信息减少填写报表的工作量,同时有效地保证了报表流转的快捷和便利。

3. 系统的软件功能设计

本系统的设计目的是为了统计各门类数据,并实现采集、存储、管理以及系统地对数据进行统计分析,为政府部门、专家学者和企事业单位提供准确且时效性强的海洋文化产业信息。该平台根据设计目的,可分为四大功能模块:数据录入、数据传输、报表管理以及数据备份(图 8-2)。

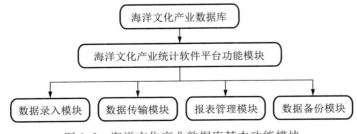

图 8-2 海洋文化产业数据库基本功能模块

该系统由统计登记管理、数据传输、统计报表管理、数据备份及系统设置五个子系统组成。

（1）数据录入模块。

实现海洋文化产业及相关产业企事业单位的基本信息和指标数据的录入、修改和查询等功能，是该平台的核心功能之一。

在录入数据时系统通过数据检查数据库核查该企事业单位是否已经登记，如登记了就不能重复登记，设计了冗余和错乱自动识别机制。反之，则允许录入审核该单位的数据，如果审核通过就做入库处理。

如果已经入库的单位数据需要修改或者删除，则根据数据字典获得产业分类的代码，输入查询，系统自动提取该单位的所有数据，然后进行修改或删除。

入库的单位数据可以通过选择单位代码、名称、地址、所属行业进行查询，系统自动根据查询条件进行显示。

系统开发中海洋文化产业数据必须遵循一定标准，并且可以达到不同人员对同一数据的理解是一致的。因此，有必要对所有的数据建立一个共同的词汇表来表述这些数据的名称、组成、格式和精度等。数据字典包含了系统中所出现的数据存储和数据流，以及一些重要的数据项的描述。数据项是对海洋文化产业数据属性的描述。第二项必须注意的是数据的标准化和单位的标准化，有效数字等都需要标准化，方便统一计算和统一标准（图8-3）。

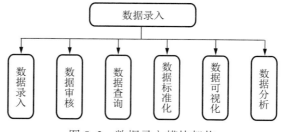

图 8-3　数据录入模块架构

（2）数据传输模块。

① 系统的数据流程。该系统的主要功能是完成海洋文化产业数据登记管理中心数据的导出、上传和数据导入功能，以便系统进行数据的统计和汇总，具体包括数据导出和导入两大功能，其过程如图8-4所示。

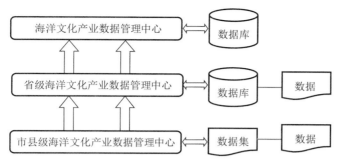

图 8-4　海洋文化产业数据库系统行政层级结构

② 数据上传方式。数据上传方式拥有多种方式,常见方式如下:① 数据文件传送;② 电话拨号上传。方式①具体流程如下:各产业数据登记管理中心首先将其统计登记的所有数据导出,生成上传的数据文件,然后将数据文件通过 E-mail/CD-ROM 或者其他磁媒介上传到其上级部门的登记管理中心,上级部门收到后通过系统数据的导入功能将其中的数据自动导入到自己的产业数据库中,从而完成数据的传输功能。方式②不需要先将数据导出,而是通过电话拨号,拨通上级部门管理中心的数据库服务器,然后系统自动实现数据的上传操作。

两种数据上传方式各有优缺点。第一种方式操作环节较多,效率较低,但容易操作,成本相对低廉;第二种方式虽然上传数据快,效率高,但需要各级数据登记中心添置相应的拨号上传硬件设备,成本较高。考虑到整个海洋文化产业统计调查的频率不是很高,所以推荐第一种方式。

兼顾到系统还有 B/S 架构,则数据登记管理中心录入的数据直接进入其上级部门的数据库服务器中,不存在数据上传的问题,无须进行数据的上传操作。

(3) 报表管理模块。

该系统的功能是对汇总后的所有企事业单位的海洋文化产业数据进行查询统计,并生成各种报表,以供政府或其他管理部门使用。

(4) 数据备份模块。

该系统的功能是完成海洋文化产业数据库数据的备份,以使物理故障或其他不安全因素给系统带来的损失降到最低程度。系统采用双机冗余联机热备份,支持联机和脱机备份,从而保证了系统数据的安全性,为系统的可靠性提供了保障。

（5）数据可视化模块。

该系统的功能是能够统计产业数据，那么如何能够直观地表达？结合 GIS 技术，将数据和行政区域连接起来，就可以可视化，多层次、多时相地浏览海洋文化产业近年来的变化。

（6）系统设置。

该系统主要完成系统的一些初始化设置功能，如操作员的管理、系统字典表的维护、行政区划的设置和系统操作日志的管理等。

（二）基于 B/S 的系统设计

前面已经对 C/S 的含义有所介绍，那么这一功能设计是为了更好地实现移动办公，而不是靠整理出数据回到单位的电脑上才能记录。当统计数据的采集人员在外面办公时，用手机就可以登录系统并且记录各属性数据，达到远程登录并上传最新的数据和更新数据的任务。功能设计和 C/S 基本相同，但内在的机制有所不同。

三、系统服务应用前景

本部分是构建了上述平台，实现数据的收集入库后，利用海洋文化产业统计数据来进行挖掘，并期望得到一些决策服务的应用。

（一）海洋文化产业的空间形态

各国的专家学者主要利用各类统计方法分析各地域时空演变的趋势。因此，本统计软件平台可以很好地利用数据进行空间分析，结合 GIS 技术方法。常用的方法有洛伦兹曲线、标准差、极差、基尼系数，等等。

1. 空间分析理论

空间分析理论主要采用绝对差异指标和相对差异指标，介绍如下：

（1）绝对差异指标：极差。

$$R = \max\{x_i\} - \max\{x_j\}$$

式中，i 不等于 j，x 表示不同年份或不同地区的数据。

（2）相对差异指标：洛伦兹曲线。

洛伦兹系数由意大利统计学家提出的，首先提出并应用于研究工业化的集中化程度。

2. 海洋文化产业空间分析思路

前面章节已经介绍海洋文化产业数据的收集问题,那么根据数据的年际总量,利用曲线图分析总产值,同时可利用洛伦兹曲线,直观地分析海洋文化产业在部门间的集中程度。此外,洛伦兹曲线根据不同时期该要素在部门间的集中化程度,绘制出某要素数据分布的洛伦兹曲线图,可以描述该时期要素在地域空间分布的集中化程度。

其次,区域之间的人均海洋文化产业产值的分析。区域之间人均海洋文化产业的绝对差异,可以用标准差和极差来分析得到。两种方法互为检验。

最后,海洋文化产业结构的变动分析。海洋文化产业变动可以进行横向和纵向分析。横向可以用基尼系数,根据选定的时间点分析各个海洋文化产业集中程度,以此比较各个海洋文化产业在该时间点内的变化情况。纵向分析是选定一个时间段分析某一海洋文化产业的变动情况。通过横向和纵向的综合分析,可以掌握总体海洋经济文化产业的变动情况。

(二)海洋文化产业的健康程度

1. 产业监测与评价模型

产业评价主要有三种,分别是景气循环法、综合模拟法和状态空间法。

(1)景气循环法。

景气循环法中扩散指数的计算模型,又称为扩散率。它是在对各个经济指标波动进行监测的基础上,所得到的扩张彪了在一定时间点上的加权百分比。

$$DI(t) = \sum W_i[X_i(t)] \geqslant X_i(t-j) \times 100\%$$

其中,$DI(t)$ 为 t 时刻的扩散指数;$X_i(t)$ 为第 i 个变量指数在 t 时刻的波动测定值;W_i 为第 i 个变量指分配的权数;N 为变量指标总数;I 为示性函数;j 为两比较指标值的时间差。

2. 产业监测与评估分析思路

(1)景气循环法基本构思认为,宏观经济运动是周期循环的,并且运动的峰值和波谷是比较有规律的。这种规律可以通过不同的指标以及在变动中的关系体现出来。通过编制扩散指数和合成指数来确定峰谷和周期的具体方式,然后又把扩散指数和合成只是分为先行、一致、落后三种状态。一致指标是用来反映当前经济景气变化的形势;滞后指标是用来进行事后验证并用作修订前一轮政策的依据;先行指标是用来反映和监测景气的当前状态,构建出海洋文化产业的经济景气指数、海洋文化产业景气监测指数等。

（2）综合模拟监测预警法基本构思认为，不把指标分为先行、一致、滞后指标，依赖于统计事实，通过数学方法选择若干个经产业经济指标，所选择的指标要与当前的经济景气变动密切相关的。根据指标在样本区间的均衡目标值，确定临界点和登记区间。利用无量纲的方法得到去量纲化的指标分数值。计算综合分数值，与各临界以及相应的指标区间相配套，设置模拟的灯号与灯值。按综合模拟信号系统的灯号决定，依据指标区间和分数值，对宏观的产业经济动向进行监测、预警和评判。最后提出使用的对策。

（3）状态空间法是用空间的化的方法，对海洋文化产业经济的指标进行选择，通过对状态变量连续变动的轨迹，考察、分析和评价当前经济的总图运行状况。因子分析法为主要的方法，从比较庞大指标群中筛选出最具有特色和比重较大的若干指标，组成特征向量，确定最小维度的状态变量。应用聚类分析的方法把一定时间维度的有值状态向量分为不同的类别。分析特征向量的特征变量，运用已有的数据构造出预测状态变量，然后用模式识别函数对该状态向量进行类别的判别和预警分析。模式时间和状态控制是监测预警系统建立和运行的基础，尽可能提高系统的自动化程度，减少人机对话频率和经验控制。

利用以上三种产业监测方法，将海洋文化产业分为五个级别，也即过冷、偏冷、正常、偏热、过热。确定临界值的方法，主要有数理统计和经验分析方法。根据误差理论，可以用"66"西格玛方法来处理。因此，可以根据偏离数学期望的标准差倍数来看数据是否合理。

（三）海洋文化产业的预测模型

1. 灰色系统法 GM（1，1）模型

对于两个系统之间的因素，其随时间或不同对象而变化的关联性大小的量度，称为关联度。在系统发展过程中，若两个因素变化的趋势具有一致性，同步变化程度较高，即可谓二者关联程度较高；反之，则较低。因此，灰色关联分析方法，是根据因素之间发展趋势的相似或相异程度，亦即"灰色关联度"，作为衡量因素间关联程度的一种方法。灰色系统理论提出了对各子系统进行灰色关联度分析的概念，意图透过一定的方法，去寻求系统中各子系统（或因素）之间的数值关系。因此，灰色关联度分析对于一个系统发展变化态势提供了量化的度量，非常适合动态历程分析。

2. 趋势外推法

趋势外推的基本假设是未来系过去和现在连续发展的结果。当预测对象依时间变化呈现某种上升或下降趋势，没有明显的季节波动，且能找到一个合适的函数曲线反映这种变化趋势时，就可以用趋势外推法进行预测。

趋势外推法的基本理论是：决定事物过去发展的因素，在很大程度上也决定该事物未来的发展，其变化，不会太大；事物发展过程一般都是渐进式的变化，而不是跳跃式的变化掌握事物的发展规律，依据这种规律推导，就可以预测出它的未来趋势和状态。

趋势外推法首先由 R. 赖恩（Rhyne）用于科技预测。他认为，应用趋势外推法进行预测，主要包括以下 6 个步骤：① 选择预测参数；② 收集必要的数据；③ 拟合曲线；④ 趋势外推；⑤ 预测说明；⑥ 研究预测结果在制订规划和决策中的应用。

趋势外推法是在对研究对象过去和现在的发展作了全面分析之后，利用某种模型描述某一参数的变化规律，然后以此规律进行外推。为了拟合数据点，实际中最常用的是一些比较简单的函数模型，如线性模型、指数曲线、生长曲线、包络曲线等。

3. 龚伯兹成长曲线法

利用过去数据的变化趋势作机械性的向外延伸推测的一种方法，属于回归分析中的时间序列法。应用的成长曲线主要有：幂函数曲线、指数曲线、二次曲线、三次曲线、双曲线、对数曲线、戈珀资曲线和罗吉斯曲线。

四、系统特点

（一）先进性

内容上，该平台除了满足统计数据外，能够应对国家海洋文化产业发展的实际需求，提供决策信息。在吸收海洋文化产业分类标准的基础上，广泛搜集相近相邻产业数据，以期达到国家对此类行业数据的掌握。

技术上，软件采用 C/S 和 B/S 的体系架构，采用先进的 DCOM 技术，采用面向对象编程和成熟的软件开发工具，使得最后能够开发出稳定可靠的软件。

（二）可靠性

系统在设计时充分考虑了系统运行的稳定性和可靠性。系统采用容错设计，以保证数据的准确可靠。系统在数据录入时自动进行数据的查重，在数据正式入库前进行数据的审核，以保证数据的正确可靠。

（三）安全性

系统对不同级别的统计局设置不同的操作权限，对不同的操作员设置不同的操作权限；上传数据采用多层数据 DES 加密技术，以保证数据的安全性。

（四）易操作

系统登记录入界面的设计和实际企事业单位填报的表格相一致，而且系统会根据登记的企事业单位的不同类别，自动显示或隐藏相应的输入项。友好的用户界面，使操作人员能用键盘、鼠标等方式，方便、简捷地使用本系统。

（五）易扩展

系统所采用的是模块化结构设计，因而升级相当方便，可以根据用户的实际情况来灵活的更改和添加，可根据不同要求增加新功能模块和子系统以满足用户的个性化要求。由于组建的优势，未来出现新的需求，可以多维度满足用户的拓展需要。

（六）易维护

由于系统的软件端采用了 C/S 的设计架构，各类操作均可通过浏览器完成，不用在客户工作站和个人 PC 安装任何软件，从而大大减少了系统的维护工作量。

（七）重开放

系统的软件设计符合相关的国际标准，完全设计成为一个开放性的系统，为以后与其他系统的兼容提供保证。此外，系统在功能设计上提供了数据的导出功能，可以将系统登记的产业数据以 Excel，Dbf 等多种文件格式导出，便于系统同其他系统间实现数据的共享。

（八）重规范

系统的规范性体现在程序的结构化、文档规范化、代码合理化等方面。

所有的信息代码编制均满足数据的完整性、系统性、合理性及可扩展性、唯一性的原则。

五、系统运行环境

（一）操作系统

① 服务器操作系统。

Windows 2000server。

② 个人电脑／台式机系统。

Windows 7 Basic，Windows 7 Professional，Windows 8。

（二）数据库

① 个人。

SQL Server 2000 Personal。

② 企事业。

SQL Server 2000 Enterprise 及系统配置（登记点操作人员使用的计算机）。

（三）操作／工程人员

（四）电脑

参考文献

[1] 王琪延，黄羽翼．关于休闲产业统计分类的思考［J］．统计与决策，2015（2）：33-36.

[2] 任伟宏，刘广斌，任福君．我国科普产业统计指标体系构建初探［J］．科普研究，2013，35（5）：14-20.

[3] 李杨．影视产业在文化产业统计中的广元化拓展［J］．电影文学，2013（1）：23-24.

[4] 刘开云．理性地看待考评制度与文化创意产业统计测算［J］．统计与决策，2012（1）：7-11.

[5] 陈恩．我国文化产业统计问题研究［J］．广东技术师范学院学报，2010（4）：24-27.

[6] 孙静娟，戴忻，杨际昌．对我国高技术产业统计界定的思考［J］．统计与决策，2008（4）：4-6.

[7] 张立，王立元，许晓娟．我国体育产业统计工作及相关制度建设［J］．上海

体育学院学报,2007(1):38-43.

[8] 胡宝民,李子彪,徐大海.河北省科技统计数据库构建及共享平台建设[J].科技管理研究,2005(12):70-73.

[9] 张国栋,叶缘民,张青.建立天津市信息产业统计指标的研究[J].情报学报,2002(6):723-729.

[10] 王宇.新形势下组织全国经济普查工作的思考[J].统计与管理,2015(1):8.

[11] 赵璐,赵作权.中国制造业的大规模空间聚集与变化——基于两次经济普查数据的实证研究[J].数量经济技术经济研究,2014(10):110-121.

[12] 黄东,李海彬,徐林春.广东省水利普查数据库与信息管理系统设计[J].中国水利,2012(22):60-61.

[13] 张立.对改进现行普查制度的探讨[J].统计与信息论坛,2011(7):1.

[14] 周子斌,孔祥清.第三次全国工业普查数据库系统的设计和优化[J].计算机系统应用,1998(5):6-8.

附录：文化及相关产业分类（2012）

一、目的和作用

（一）为深入贯彻落实党的十七届六中全会关于深化文化体制改革、推动社会主义文化大发展大繁荣的精神，建立科学可行的文化及相关产业统计制度，制定本分类。

（二）本分类为界定我国文化及相关单位的生产活动提供依据，为当前的社会主义文化建设、文化宏观管理提供参考，为文化及相关产业统计提供统一的定义和范围。

二、定义和范围

（一）定义

本分类规定的文化及相关产业是指为社会公众提供文化产品和文化相关产品的生产活动的集合。

（二）范围

根据以上定义，我国文化及相关产业的范围包括：

1. 以文化为核心内容，为直接满足人们的精神需要而进行的创作、制造、传播、展示等文化产品（包括货物和服务）的生产活动；

2. 为实现文化产品生产所必需的辅助生产活动；

3. 作为文化产品实物载体或制作（使用、传播、展示）工具的文化用品的生产活动（包括制造和销售）；

4. 为实现文化产品生产所需专用设备的生产活动（包括制造和销售）。

三、分类原则

（一）以《国民经济行业分类》为基础

本分类以《国民经济行业分类》（GB/T4754—2011）为基础，根据文化及相关单位生产活动的特点，将行业分类中相关的类别重新组合，是《国民经济行业分类》的派生分类。

（二）兼顾部门管理需要和可操作性

根据我国文化体制改革和发展的实际，本分类在考虑文化生产活动特点的同时，兼顾政府部门管理的需要；立足于现行的统计制度和方法，充分考虑分类的可操作性。

（三）与国际分类标准相衔接

本分类借鉴了联合国教科文组织的《文化统计框架—2009》的分类方法，在定义和覆盖范围上可与其衔接。

四、分类方法

本分类依据上述分类原则，将文化及相关产业分为五层。

第一层包括文化产品的生产、文化相关产品的生产两部分，用"第一部分"、"第二部分"表示；

第二层根据管理需要和文化生产活动的自身特点分为10个大类，用"一"、"二"……"十"表示；

第三层依照文化生产活动的相近性分为50个中类，在每个大类下分别用"（一）"、"（二）"、"（三）"……表示；

第四层共有120个小类，是文化及相关产业的具体活动类别，直接用《国民经济行业分类》（GB/T4754—2011）相对应行业小类的名称和代码表示。对于含有部分文化生产活动的小类，在其名称后用"*"标出。

第五层为带"*"小类下设置的延伸层。通过在类别名称前加"—"表示，不设代码和顺序号，其包含的活动内容在表2中加以说明。

文化及相关产业分类表。

表1 文化及相关产业的类别名称和行业代码

类别名称	国民经济行业代码
第一部分 文化产品的生产	
一、新闻出版发行服务	
（一）新闻服务	
新闻业	8510

类别名称	国民经济行业代码
（二）出版服务	
图书出版	8521
报纸出版	8522
期刊出版	8523
音像制品出版	8524
电子出版物出版	8525
其他出版业	8529
（三）发行服务	
图书批发	5143
报刊批发	5144
音像制品及电子出版物批发	5145
图书、报刊零售	5243
音像制品及电子出版物零售	5244
二、广播电视电影服务	
（一）广播电视服务	
广播	8610
电视	8620
（二）电影和影视录音服务	
电影和影视节目制作	8630
电影和影视节目发行	8640
电影放映	8650
录音制作	8660
三、文化艺术服务	
（一）文艺创作与表演服务	
文艺创作与表演	8710
艺术表演场馆	8720
（二）图书馆与档案馆服务	
图书馆	8731
档案馆	8732

续表

类别名称	国民经济行业代码
（三）文化遗产保护服务	
文物及非物质文化遗产保护	8740
博物馆	8750
烈士陵园、纪念馆	8760
（四）群众文化服务	
群众文化活动	8770
（五）文化研究和社团服务	
社会人文科学研究	7350
专业性团体（的服务）*	9421
—学术理论社会团体的服务	
—文化团体的服务	
（六）文化艺术培训服务	
文化艺术培训	8293
其他未列明教育 *	8299
—美术、舞蹈、音乐辅导服务	
（七）其他文化艺术服务	
其他文化艺术业	8790
四、文化信息传输服务	
（一）互联网信息服务	
互联网信息服务	6420
（二）增值电信服务（文化部分）	
其他电信服务 *	6319
—增值电信服务（文化部分）	
（三）广播电视传输服务	
有线广播电视传输服务	6321
无线广播电视传输服务	6322
卫星传输服务 *	6330
—传输、覆盖与接收服务	
—设计、安装、调试、测试、监测等服务	

类别名称	国民经济行业代码
五、文化创意和设计服务	
（一）广告服务	
广告业	7240
（二）文化软件服务	
软件开发 *	6510
—多媒体、动漫游戏软件开发	
数字内容服务 *	6591
—数字动漫、游戏设计制作	
（三）建筑设计服务	
工程勘察设计 *	7482
—房屋建筑工程设计服务	
—室内装饰设计服务	
—风景园林工程专项设计服务	
（四）专业设计服务	
专业化设计服务	7491
六、文化休闲娱乐服务	
（一）景区游览服务	
公园管理	7851
游览景区管理	7852
野生动物保护 *	7712
—动物园和海洋馆、水族馆管理服务	
野生植物保护 *	7713
—植物园管理服务	
（二）娱乐休闲服务	
歌舞厅娱乐活动	8911
电子游艺厅娱乐活动	8912
网吧活动	8913
其他室内娱乐活动	8919
游乐园	8920

附
录

类别名称	国民经济行业代码
其他娱乐业	8990
（三）摄影扩印服务	
摄影扩印服务	7492
七、工艺美术品的生产	
（一）工艺美术品的制造	
雕塑工艺品制造	2431
金属工艺品制造	2432
漆器工艺品制造	2433
花画工艺品制造	2434
天然植物纤维编织工艺品制造	2435
抽纱刺绣工艺品制造	2436
地毯、挂毯制造	2437
珠宝首饰及有关物品制造	2438
其他工艺美术品制造	2439
（二）园林、陈设艺术及其他陶瓷制品的制造	
园林、陈设艺术及其他陶瓷制品制造 *	3079
—陈设艺术陶瓷制品制造	
（三）工艺美术品的销售	
首饰、工艺品及收藏品批发	5146
珠宝首饰零售	5245
工艺美术品及收藏品零售	5246
第二部分　文化相关产品的生产	
八、文化产品生产的辅助生产	
（一）版权服务	
知识产权服务 *	7250
—版权和文化软件服务	
（二）印刷复制服务	
书、报刊印刷	2311
本册印制	2312

类别名称	国民经济行业代码
包装装潢及其他印刷	2319
装订及印刷相关服务	2320
记录媒介复制	2330
（三）文化经纪代理服务	
文化娱乐经纪人	8941
其他文化艺术经纪代理	8949
（四）文化贸易代理与拍卖服务	
贸易代理*	5181
—文化贸易代理服务	
拍卖*	5182
—艺（美）术品、文物、古董、字画拍卖服务	
（五）文化出租服务	
娱乐及体育设备出租*	7121
—视频设备、照相器材和娱乐设备的出租服务	
图书出租	7122
音像制品出租	7123
（六）会展服务	
会议及展览服务	7292
（七）其他文化辅助生产	
其他未列明商务服务业*	7299
—公司礼仪和模特服务	
—大型活动组织服务	
—票务服务	
九、文化用品的生产	
（一）办公用品的制造	
文具制造	2411
笔的制造	2412
墨水、墨汁制造	2414
（二）乐器的制造	

类别名称	国民经济行业代码
中乐器制造	2421
西乐器制造	2422
电子乐器制造	2423
其他乐器及零件制造	2429
（三）玩具的制造	
玩具制造	2450
（四）游艺器材及娱乐用品的制造	
露天游乐场所游乐设备制造	2461
游艺用品及室内游艺器材制造	2462
其他娱乐用品制造	2469
（五）视听设备的制造	
电视机制造	3951
音响设备制造	3952
影视录放设备制造	3953
（六）焰火、鞭炮产品的制造	
焰火、鞭炮产品制造	2672
（七）文化用纸的制造	
机制纸及纸板制造 *	2221
一文化用机制纸及纸板制造	
手工纸制造	2222
（八）文化用油墨颜料的制造	
油墨及类似产品制造	2642
颜料制造 *	2643
一文化用颜料制造	
（九）文化用化学品的制造	
信息化学品制造 *	2664
一文化用信息化学品的制造	
（十）其他文化用品的制造	
照明灯具制造 *	3872

类别名称	国民经济行业代码
—装饰用灯和影视舞台灯制造	
其他电子设备制造 *	3990
—电子快译通、电子记事本、电子词典等制造	
(十一) 文具乐器照相器材的销售	
文具用品批发	5141
文具用品零售	5241
乐器零售	5247
照相器材零售	5248
(十二) 文化用家电的销售	
家用电器批发 *	5137
—文化用家用电器批发	
家用视听设备零售	5271
(十三) 其他文化用品的销售	
其他文化用品批发	5149
其他文化用品零售	5249
十、文化专用设备的生产	
(一) 印刷专用设备的制造	
印刷专用设备制造	3542
(二) 广播电视电影专用设备的制造	
广播电视节目制作及发射设备制造	3931
广播电视接收设备及器材制造	3932
应用电视设备及其他广播电视设备制造	3939
电影机械制造	3471
(三) 其他文化专用设备的制造	
幻灯及投影设备制造	3472
照相机及器材制造	3473
复印和胶印设备制造	3474
(四) 广播电视电影专用设备的批发	
通讯及广播电视设备批发 *	5178

续表

类别名称	国民经济行业代码
一广播电视电影专用设备批发	
（五）舞台照明设备的批发	
电气设备批发 *	5176
一舞台照明设备的批发	

表2 对延伸层文化生产活动内容的说明

序号	类别名称及代码		文化生产活动的内容
	小类	延伸层	
1	专业性团体（的服务）（9421）	学术理论社会团体的服务	包括党的理论研究、史学研究、思想工作研究、社会人文科学研究等团体的服务。
		文化团体的服务	包括新闻、图书、报刊、音像、版权、广播、电视、电影、演员、作家、文学艺术、美术家、摄影家、文物、博物馆、图书馆、文化馆、游乐园、公园、文艺理论研究、民族文化等团体的服务。
2	其他未列明教育（8299）	美术、舞蹈、音乐辅导服务	包括美术、舞蹈和音乐等辅导服务。
3	其他电信服务（6319）	增值电信服务（文化部分）	包括手机报、个性化铃声、网络广告等业务服务。
4	卫星传输服务（6330）	传输、覆盖与接收服务	包括卫星广播电视信号的传输、覆盖与接收服务。
		设计、安装、调试、测试、监测等服务	包括卫星广播电视传输、覆盖、接收系统的设计、安装、调试、测试、监测等服务。
5	软件开发（6510）	多媒体、动漫游戏软件开发	包括应用软件开发及经营中的多媒体软件和动漫游戏软件开发及经营活动。
6	数字内容服务（6591）	数字动漫、游戏设计制作	包括数字动漫制作和游戏设计制作等服务。
7	工程勘察设计（7482）	房屋建筑工程设计服务	包括房屋（住宅、商业用房、公用事业用房、其他房屋）建筑工程设计服务。
		室内装饰设计服务	包括住宅室内装饰设计服务和其他室内装饰设计服务。
		风景园林工程专项设计服务	包括各类风景园林工程专项设计服务。

序号	类别名称及代码		文化生产活动的内容
	小类	延伸层	
8	野生动物保护（7712）	动物园和海洋馆、水族馆管理服务	包括动物园管理服务，放养动物园管理服务，鸟类动物园管理服务，海洋馆、水族馆管理服务。
9	野生植物保护（7713）	植物园管理服务	包括各类植物园管理服务。
10	园林、陈设艺术及其他陶瓷制品制造（3079）	陈设艺术陶瓷制品制造	包括室内陈设艺术陶瓷制品、工艺陶瓷制品、陶瓷壁画、陶瓷制塑像和其他陈设艺术陶瓷制品的制造。
11	知识产权服务（7250）	版权和文化软件服务	版权服务包括版权代理服务，版权鉴定服务，版权咨询服务，海外作品登记服务，涉外音像合同认证服务，著作权使用报酬收转服务，版权贸易服务和其他版权服务。文化软件服务指与文化有关的软件服务，包括软件代理、软件著作权登记、软件鉴定等服务。
12	贸易代理（5181）	文化贸易代理服务	包括文化用品、图书、音像、文化用家用电器和广播电视器材等国际国内贸易代理服务。
13	拍卖（5182）	艺(美)术品、文物、古董、字画拍卖服务	包括艺(美)术品拍卖服务，文物拍卖服务，古董、字画拍卖服务。
14	娱乐及体育设备出租（7121）	视频设备、照相器材和娱乐设备的出租服务	包括视频设备出租服务，照相器材出租服务，娱乐设备出租服务。
15	其他未列明商务服务业（7299）	公司礼仪和模特服务	公司礼仪服务包括开业典礼、庆典及其他重大活动的礼仪服务。模特服务包括服装模特、艺术模特和其他模特等服务。
		大型活动组织服务	包括文艺晚会策划组织服务，大型庆典活动策划组织服务，艺术、模特大赛策划组织服务，艺术节、电影节等策划组织服务，民间活动策划组织服务，公益演出、展览等活动的策划组织服务，其他大型活动的策划组织服务。
		票务服务	包括电影票务服务，文艺演出票务服务，展览、博览会票务服务。

| 序号 | 类别名称及代码 | | 文化生产活动的内容 |
	小类	延伸层	
16	机制纸及纸板制造（2221）	文化用机制纸及纸板制造	包括未涂布印刷书写用纸制造，涂布类印刷用纸制造，感应纸及纸板制造。
17	颜料制造（2643）	文化用颜料制造	包括水彩颜料、水粉颜料、油画颜料、国画颜料、调色料、其他艺术用颜料、美工塑型用膏等制造。
18	信息化学品制造（2664）	文化用信息化学品的制造	包括感光胶片的制造，摄影感光纸、纸板及纺织物制造，摄影用化学制剂、复印机用化学制剂制造，空白磁带、空白磁盘、空盘制造。
19	照明灯具制造（3872）	装饰用灯和影视舞台灯制造	包括装饰用灯（圣诞树用成套灯具、其他装饰用灯）和影视舞台灯的制造。
20	其他电子设备制造（3990）	电子快译通、电子记事本、电子词典等制造	包括电子快译通、电子记事本、电子词典等电子设备的制造。
21	家用电器批发（5137）	文化用家用电器批发	包括电视机、摄录像设备、便携式收录放设备、音响设备等的批发。
22	通讯及广播电视设备批发（5178）	广播电视电影专用设备批发	包括广播设备、电视设备、电影设备、广播电视卫星设备等的批发。
23	电气设备批发（5176）	舞台照明设备的批发	包括各类舞台照明设备的批发。

附件：

1.《文化及相关产业分类（2012）》修订说明

2. 新旧《文化及相关产业分类》类别名称和代码对照表

《文化及相关产业分类(2012)》修订说明

一、修订的背景

2004 年,为贯彻落实党的十六大关于文化建设和文化体制改革的要求,建立科学可行的文化产业统计,规范文化及相关产业的范围,国家统计局在与中宣部及国务院有关部门共同研究的基础上,依据《国民经济行业分类》(GB/T4754—2002),制定了《文化及相关产业分类》,并作为国家统计标准颁布实施。从实施情况看,以此分类为基础开展的统计工作为反映我国文化产业的发展状况,为文化体制改革和文化产业发展宏观决策提供了重要的基础信息。

党的十七届五中全会提出推动文化产业成为国民经济支柱性产业的战略目标,党的十七届六中全会进一步强调推动文化产业跨越式发展,使之成为新的增长点、经济结构战略性调整的重要支点、转变经济发展方式的重要着力点,对文化产业统计工作提出了新的要求。同时,由于新的《国民经济行业分类》(GB/T4754—2011)颁布实施,联合国教科文组织《文化统计框架—2009》的发布,文化新业态的不断涌现,有必要对 2004 年制定的《文化及相关产业分类》进行修订。

2011 年 9 月 28 日,中宣部、国家统计局在北京召开了文化产业统计研讨会,有关部委同志、部分省市党委宣传部和统计局负责同志以及有关专家学者参加。会议认为,要适应我国文化产业发展的新情况、新变化,总结近年来各地区、各部门统计工作的实践经验,对现行分类进行必要调整,使其更加切合发展需要。修订工作争取 2012 年 6 月底前完成,从 2012 年统计年报开始正式实行。

根据会议精神,国家统计局开始了《文化及相关产业分类》的修订工作。

二、修订的主要内容

本次修订在 2004 年制定的《文化及相关产业分类》的基础上进行,延续原有的分类原则和方法,调整了类别结构,增加了与文化生产活动相关的创意、新业态、软件设计服务等内容和部分行业小类,减少了少量不符合文化及相关产业定义的活动类别。

（一）结构的调整情况

1. 2004 年制定的《文化及相关产业分类》第一层分为"文化服务"和"相关文化服务"两部分,本分类将第一层分为"文化产品的生产"和"文化相关产品的生产"两部分。

2. 第二层的大类由原来的 9 个调整为 10 个。具体是:

（1）合并原大类"新闻服务"和"出版发行和版权服务"为"新闻出版发行服务"一个大类,包含内容略有调整;

（2）保留"广播电视电影服务"、"文化艺术服务"、"网络文化服务"、"文化休闲娱乐服务"四个大类,包含内容有所调整。其中"网络文化服务"更名为"文化信息传输服务"。

（3）新增"文化创意和设计服务"、"工艺美术品的生产"、"文化产品生产的辅助生产"三个大类;

（4）取消原大类"其他文化服务"。将其中的广告服务移至新增的"文化创意和设计服务"大类中,其他内容移至新增的"文化产品生产的辅助生产"大类中;

（5）将原"文化用品、设备及相关文化产品的生产"和"文化用品、设备及相关文化产品的销售"两个大类修订为"文化用品的生产"和"文化专用设备的生产"两个大类。

3. 第三层的中类由 24 个修订为 50 个,第四层的小类由 99 个修订为 120 个（其中新增 19 个、减少 5 个,因执行新《国民经济行业分类》增加 7 个）,带"*"的小类由 17 个修订为 23 个（其中新增 11 个、减少 4 个,因执行新《国民经济行业分类》减少 1 个）。

4. 取消过渡层,在带"*"的小类下设置 29 个延伸层。

（二）增加和减少的内容

1. 增加的内容

（1）文化创意。包括建筑设计服务（指工程勘察设计中的房屋建筑工程设计、室内装饰设计和风景园林工程专项设计）和专业设计服务（指工业设计、时装设计、包装装潢设计、多媒体设计、动漫及衍生产品设计、饰物装饰设计、美术图案设计、展台设计、模型设计和其他专业设计等服务）。

（2）文化新业态。包括数字内容服务中的数字动漫制作和游戏设计制作，以及其他电信服务中的增值电信服务（文化部分）。

（3）软件设计服务。包括多媒体软件和动漫游戏软件开发。

（4）具有文化内涵的特色产品的生产。主要是焰火、鞭炮产品的制造，珠宝首饰及有关物品的制造、销售，陈设艺术陶瓷制品的制造等。

（5）其他。包括文化艺术培训、本册印制、装订及印刷相关服务、幻灯及投影设备的制造和舞台照明设备的批发等。

2. 减少的内容

包括旅行社、休闲健身娱乐活动、教学用模型及教具制造、其他文教办公用品制造、其他文化办公用机械制造和彩票活动等。

三、有关问题的说明

（一）关于文化及相关产业的定义

2004 年制定的分类把文化及相关产业定义为"为社会公众提供文化、娱乐产品和服务的活动，以及与这些活动有关联的活动的集合"。本次修订把文化及相关产业的定义进一步完善为"指为社会公众提供文化产品和文化相关产品的生产活动的集合"，并在范围的表述上对文化产品的生产活动（从内涵）和文化相关产品的生产活动（从外延）做出解释。

根据这一定义，文化及相关产业包括了四个方面的内容，即文化产品的生产活动、文化产品生产的辅助生产活动、文化用品的生产活动和文化专用设备的生产活动。其中文化产品的生产活动构成文化及相关产业的主体，其他三个方面是文化及相关产业的补充。

（二）关于文化事业和文化产业的划分

在国民经济行业分类中，一个行业（或产业）是指从事相同性质的经济活动的所有单位的集合。在统计分类中,行业与产业在英语中都称为"industry"。对国际上的有关分类我国一般翻译为"产业",而我国相对应的分类叫"行业"。目前,在我国使用"产业"一词往往更强调其经营性或经营规模。

本次修订继续使用"文化及相关产业"的名称,分类涉及范围既包括了公益性单位,也包括了经营性单位,其范围与联合国教科文组织的《文化统计框架—2009》规定的范围基本一致。

在制定2004年的分类时,由于文化体制改革刚刚起步,从单位的行业属性很难区分其公益性和经营性。在很多行业内部,公益性和经营性单位共存,公益性和经营性的统计分类标志尚未确定。目前,文化体制改革取得重大进展,多数行业的公益性或经营性属性可以确定,特别是经过两次全国经济普查,使用是否执行企业会计制度来区分经营性文化产业单位和公益性文化事业单位的原则已经确定。因此,在本分类公布后,统计上所称的"文化及相关产业"指本分类所覆盖的全部单位,"文化产业"仅指经营性文化单位的集合,"文化事业"仅指公益性文化单位的集合。

(三)关于不再保留三个层次划分的说明

在2004年制定分类时,为反映文化建设和文化体制改革的情况,提出《文化及相关产业分类》的内容可进一步组合成文化产业核心层、文化产业外围层和相关文化产业层。目前我国文化体制改革已取得新突破,文化业态不断融合,文化新业态不断涌现,许多文化生产活动很难区分是核心层还是外围层,因此本次修订不再保留三个层次的划分。

(四)关于增加分类内容意见的处理

在本次修订过程中,有关方面提出了很多增加分类内容的意见。经研究,对于新生的文化业态和与文化及相关产业定义较为符合的生产活动已纳入分类,对于争议较大或目前尚把握不准的生产活动暂不纳入(如手机和微型家用计算机的制造),对于虽有部分活动与文化有关但已形成自身完整体系的生产活动不予纳入,以免削弱本分类的文化特征。按此原则,在本次修订中,凡属于农业、采矿、建筑施工、行政管理、体育、自然科学研究、国民教育、餐饮、金融、修理等生产活动和宗教活动均不纳入分类。

新旧《文化及相关产业分类》类别名称和代码对照表

类别名称（2012）	GB/T4754-2011 代码	类别名称（2004）	GB/T4754-2002 代码	简要说明
第一部分　文化产品的生产				
一、新闻出版发行服务				
（一）新闻服务				
新闻业	8510	新闻业	8810	
（二）出版服务				
图书出版	8521	图书出版	8821	
报纸出版	8522	报纸出版	8822	
期刊出版	8523	期刊出版	8823	
音像制品出版	8524	音像制品出版	8824	
电子出版物出版	8525	电子出版物出版	8825	
其他出版业	8529	其他出版	8829	
（三）发行服务				
图书批发	5143	图书批发	6343	
报刊批发	5144	报刊批发	6344	
音像制品及电子出版物批发	5145	音像制品及电子出版物批发	6345	
图书、报刊零售	5243	图书零售	6543	
		报刊零售	6544	
音像制品及电子出版物零售	5244	音像制品及电子出版物零售	6545	

类别名称（2012）	GB/T4754-2011 代码	类别名称（2004）	GB/T4754-2002 代码	简要说明
二、广播电视电影服务				
（一）广播电视服务				
广播	8610	广播	8910	原 8910 部分内容调出
电视	8620	电视	8920	原 8920 部分内容调出
（二）电影和影视录音服务				
电影和影视节目制作	8630	电影制作与发行	8931	原 8920、8931、8940 部分内容调到此类
电影和影视节目发行	8640			
电影放映	8650	电影放映	8932	
录音制作	8660	音像制作	8940	原 8910、8940 的部分内容调到此类
三、文化艺术服务				
（一）文艺创作与表演服务				
文艺创作与表演	8710	文艺创作与表演	9010	
艺术表演场馆	8720	艺术表演场馆	9020	
（二）图书馆与档案馆服务				
图书馆	8731	图书馆	9031	
档案馆	8732	档案馆	9032	
（三）文化遗产保护服务				
文物及非物质文化遗产保护	8740	文物及文化保护	9040	更名
博物馆	8750	博物馆	9050	
烈士陵园、纪念馆	8760	烈士陵园、纪念馆	9060	

类别名称（2012）	GB/T4754-2011 代码	类别名称（2004）	GB/T4754-2002 代码	简要说明
（四）群众文化服务				
群众文化活动	8770	群众文化活动	9070	
（五）文化研究和社团服务				
社会人文科学研究	7350	社会人文科学研究	7550	
专业性团体（的服务）*	9421	专业性社会团体 *	9621	更名
（六）文化艺术培训服务				
文化艺术培训	8293			新增行业
其他未列明教育 *	8299			新增"*"行业
（七）其他文化艺术服务				
其他文化艺术业	8790	其他文化艺术	9090	
四、文化信息传输服务				
（一）互联网信息服务				
互联网信息服务	6420	互联网信息服务	6020	原6020部分内容调出
（二）增值电信服务（文化部分）				
其他电信服务 *	6319			新增"*"行业
（三）广播电视传输服务				
有线广播电视传输服务	6321	有线广播电视传输服务	6031	
无线广播电视传输服务	6322	无线广播电视传输服务	6032	
卫星传输服务 *	6330	卫星传输服务 *	6040	
五、文化创意和设计服务				

类别名称（2012）	GB/T4754-2011 代码	类别名称（2004）	GB/T4754-2002 代码	简要说明
（一）广告服务				
广告业	7240	广告业	7440	
（二）文化软件服务				
软件开发 *	6510			新增"*"行业
数字内容服务 *	6591			新增"*"行业，原 6212 部分内容归入此类
（三）建筑设计服务				
工程勘察设计 *	7482			新增"*"行业
（四）专业设计服务				
专业化设计服务	7491	其他专业技术服务 *	7690	新增行业，原 7690 部分内容调到此类
六、文化休闲娱乐服务				
（一）景区游览服务				
		旅行社	7480	取消行业
公园管理	7851	公园管理	8132	
游览景区管理	7852	风景名胜区管理	8131	
		其他游览景区管理	8139	
野生动物保护 *	7712	野生动植物保护 *	8012	原 8012 分解
野生植物保护 *	7713			
（二）娱乐休闲服务				

类别名称（2012）	GB/T4754-2011 代码	类别名称（2004）	GB/T4754-2002 代码	简要说明
歌舞厅娱乐活动	8911	室内娱乐活动	9210	原9210分解
电子游艺厅娱乐活动	8912			
网吧活动	8913	其他计算机服务 *	6190	原6190部分内容调到此类
其他室内娱乐活动	8919	室内娱乐活动	9210	原9210分解
游乐园	8920	游乐园	9220	
		休闲健身娱乐活动	9230	取消行业
其他娱乐业	8990	其他娱乐活动	9290	原9290的彩票活动调出
（三）摄影扩印服务				
摄影扩印服务	7492	摄影扩印服务	8280	
七、工艺美术品的生产				
（一）工艺美术品的制造				
雕塑工艺品制造	2431	雕塑工艺品制造	4211	
金属工艺品制造	2432	金属工艺品制造	4212	
漆器工艺品制造	2433	漆器工艺品制造	4213	
花画工艺品制造	2434	花画工艺品制造	4214	
天然植物纤维编织工艺品制造	2435	天然植物纤维编织工艺品制造	4215	
抽纱刺绣工艺品制造	2436	抽纱刺绣工艺品制造	4216	
地毯、挂毯制造	2437	地毯、挂毯制造	4217	
珠宝首饰及有关物品制造	2438	珠宝首饰及有关物品的制造	4218	

类别名称（2012）	GB/T4754-2011 代码	类别名称（2004）	GB/T4754-2002 代码	简要说明
其他工艺美术品制造	2439	其他工艺美术品制造	4219	
（二）园林、陈设艺术及其他陶瓷制品的制造				
园林、陈设艺术及其他陶瓷制品制造 *	3079			新增"*"行业
（三）工艺美术品的销售				
首饰、工艺品及收藏品批发	5146	首饰、工艺品及收藏品批发	6346	
珠宝首饰零售	5245			新增行业
工艺美术品及收藏品零售	5246	工艺美术品及收藏品零售	6547	
第二部分　文化相关产品的生产				
八、文化产品生产的辅助生产				
（一）版权服务				
知识产权服务 *	7250	知识产权服务 *	7450	
（二）印刷复制服务				
书、报刊印刷	2311	书、报、刊印刷	2311	
本册印制	2312			新增行业
包装装潢及其他印刷	2319	包装装潢及其他印刷 *	2319	取消"*"
装订及印刷相关服务	2320			新增行业
记录媒介复制	2330	记录媒介的复制 *	2330	取消"*"
（三）文化经纪代理服务				
文化娱乐经纪人	8941	文化艺术经纪代理	9080	原 7499 部分、原 9080 分解

类别名称（2012）	GB/T4754-2011 代码	类别名称（2004）	GB/T4754-2002 代码	简要说明
其他文化艺术经纪代理	8949	其他未列明的商务服务 *	7499	原 7499 部分、原 9080 分解
（四）文化贸易代理与拍卖服务				
贸易代理 *	5181	贸易经纪与代理 *	6380	原 6380 分解为 5181、5182、5189
拍卖 *	5182			
（五）文化出租服务				
娱乐及体育设备出租 *	7121			新增"*"行业
图书出租	7122	图书及音像制品出租	7321	原 7321 分解
音像制品出租	7123			
（六）会展服务				
会议及展览服务	7292	会议及展览服务	7491	
（七）其他文化辅助生产				
其他未列明商务服务业 *	7299			原 7499 分解
九、文化用品的生产				
（一）办公用品的制造				
文具制造	2411	文具制造	2411	
笔的制造	2412	笔的制造	2412	
		教学用模型及教具制造	2413	取消行业
墨水、墨汁制造	2414	墨水、墨汁制造	2414	
		其他文化用品制造	2419	取消行业
（二）乐器的制造				

类别名称（2012）	GB/T4754-2011 代码	类别名称（2004）	GB/T4754-2002 代码	简要说明
中乐器制造	2421	中乐器制造	2431	
西乐器制造	2422	西乐器制造	2432	
电子乐器制造	2423	电子乐器制造	2433	
其他乐器及零件制造	2429	其他乐器及零件制造	2439	
（三）玩具的制造				
玩具制造	2450	玩具制造	2440	
（四）游艺器材及娱乐用品的制造				
露天游乐场所游乐设备制造	2461	露天游乐场所游乐设备制造	2451	
游艺用品及室内游艺器材制造	2462	游艺用品及室内游艺器材制造	2452	原2452分解
其他娱乐用品制造	2469			
（五）视听设备的制造				
电视机制造	3951	家用影视设备制造	4071	原4071分解
音响设备制造	3952	家用音响设备制造	4072	更名
影视录放设备制造	3953			原4071分解
（六）焰火、鞭炮产品的制造				
焰火、鞭炮产品制造	2672			新增行业
（七）文化用纸的制造				
机制纸及纸板制造 *	2221	机制纸及纸板制造 *	2221	
手工纸制造	2222	手工纸制造 *	2222	取消 "*"
（八）文化用油墨颜料的制造				

类别名称（2012）	GB/T4754-2011 代码	类别名称（2004）	GB/T4754-2002 代码	简要说明
油墨及类似产品制造	2642			新增行业
颜料制造 *	2643			新增"*"行业
（九）文化用化学品的制造				
信息化学品制造 *	2664	信息化学品制造 *	2665	
（十）其他文化用品的制造				
照明灯具制造 *	3872			新增"*"行业
其他电子设备制造 *	3990			新增"*"行业
（十一）文具乐器照相器材的销售				
文具用品批发	5141	文具用品批发	6341	
文具用品零售	5241	文具用品零售	6541	
乐器零售	5247			原6549部分内容调到此处
照相器材零售	5248	照相器材零售	6548	
（十二）文化用家电的销售				
家用电器批发 *	5137	家用电器批发 *	6374	
家用视听设备零售	5271	家用电器零售 *	6571	取消"*"
（十三）其他文化用品的销售				
其他文化用品批发	5149	其他文化用品批发	6349	
其他文化用品零售	5249	其他文化用品零售	6549	原6549部分内容调出
十、文化专用设备的生产				

续表

类别名称（2012）	GB/T4754-2011 代码	类别名称（2004）	GB/T4754-2002 代码	简要说明
（一）印刷专用设备的制造				
印刷专用设备制造	3542	印刷专用设备制造	3642	
（二）广播电视电影专用设备的制造				
广播电视节目制作及发射设备制造	3931	广播电视节目制作及发射设备制造	4031	
广播电视接收设备及器材制造	3932	广播电视接收设备及器材制造	4032	
应用电视设备及其他广播电视设备制造	3939	应用电视设备及其他广播电视设备制造	4039	
电影机械制造	3471	电影机械制造	4151	
（三）其他文化专用设备的制造				
幻灯及投影设备制造	3472			新增行业
照相机及器材制造	3473	照相机及器材制造	4153	
复印和胶印设备制造	3474	复印和胶印设备制造	4154	
		其他文化、办公用机械制造＊	4159	取消行业
（四）广播电视电影设备的批发				
通讯及广播电视设备批发＊	5178	通讯及广播电视设备批发＊	6376	
（五）舞台照明设备的批发				
电气设备批发＊	5176			新增"＊"行业

图书在版编目（CIP）数据

海洋文化产业分类及相关指标研究 / 刘家沂主编
－青岛：中国海洋大学出版社，2016.4
ISBN 978-7-5670-1115-1

Ⅰ．①海… Ⅱ．①刘… Ⅲ．①海洋－文化产业－研究
－中国 Ⅳ．① P7-05

中国版本图书馆 CIP 数据核字（2016）第 069390 号

出版发行	中国海洋大学出版社		
社　　址	青岛市香港东路 23 号	邮政编码	266071
出 版 人	杨立敏		
网　　址	http://www.ouc-press.com		
电子信箱	cbsbgs@ouc.edu.cn		
订购电话	0532－82032573（传真）		
责任编辑	郑雪姣	电　　话	0532－85901092
印　　制	青岛国彩印刷有限公司		
版　　次	2016 年 4 月第 1 版		
印　　次	2016 年 4 月第 1 次印刷		
成品尺寸	170 mm × 230 mm		
印　　张	15.625		
字　　数	218 千		
定　　价	36.00 元		